高新纺织材料研究与应用丛书

先进纺织复合材料

高晓平　著

中国纺织出版社有限公司

内 容 提 要

本书简要介绍复合材料定义、分类、特性和应用领域，阐述常用高性能纤维（如玻璃纤维、碳纤维、芳纶等）的物理、化学和力学性能及主要应用领域。以纺织结构复合材料为研究对象，系统阐述增强体特别是三维结构增强体制备技术、树脂基复合材料成型工艺及其对力学性能的影响、复合材料界面改性技术。研究纺织复合材料的强度特性及纺织结构和增强体纤维束取向排列对复合材料力学性能影响机理，分析复合材料力学性能的温度效应。同时，基于有限元数值模拟，研究纺织复合材料细观尺度拉伸性能。

本书旨在为复合材料的研究及应用提供理论指导和技术支持。内容有助读者深入了解复合材料发展概况，熟练掌握树脂基复合材料成型及固化工艺，熟悉复合材料试样制备及测试、分析，特别是不同增强体结构强度特性比较，掌握纺织复合材料力学性能有限元建模及分析。

本书可供从事复合材料研究的科研人员和企业工程技术人员、相关专业的师生参考。

图书在版编目（CIP）数据

先进纺织复合材料 / 高晓平著. -- 北京：中国纺织出版社有限公司，2020.10

（高新纺织材料研究与应用丛书）

ISBN 978-7-5180-7685-7

Ⅰ.①先… Ⅱ.①高… Ⅲ.①纺织纤维—复合材料—研究 Ⅳ.① TS102.6

中国版本图书馆 CIP 数据核字（2020）第 133262 号

责任编辑：符 芬 责任校对：楼旭红 责任印制：何 建

中国纺织出版社有限公司出版发行
地址：北京市朝阳区百子湾东里A407号楼 邮政编码：100124
销售电话：010—67004422 传真：010—87155801
http://www.c-textilep.com
中国纺织出版社天猫旗舰店
官方微博 http://weibo.com/2119887771
北京通天印刷有限责任公司印刷 各地新华书店经销
2020年10月第1版第1次印刷
开本：710×1000 1/16 印张：13
字数：204千字 定价：128.00元

凡购本书，如有缺页、倒页、脱页，由本社图书营销中心调换

前　言

　　复合材料的历史可以追溯到古代，最早的汉长城就是利用稻草或麦秸增强黏土复合而成，随着人类科技的发展，复合材料的种类与功能也日益繁多。复合材料被认为是除金属材料、无机非金属材料和高分子材料之外的第四大类材料，它是金属材料、无机非金属材料和高分子材料等单一材料发展和应用的必然结果。20世纪40年代，航空工艺的蓬勃发展，催生出了玻璃纤维增强复合材料，其后以碳纤维、石墨纤维和硼纤维等高模量纤维为增强体的复合材料登上舞台，纺织复合材料的发展迎来新的篇章。

　　纺织复合材料是通过纺织的方法将纤维束按照一定的交织规律，如机织、针织、编织和缝编等方法加工成二维或三维形式的纺织结构，使之成为柔性的、具有一定外形和内部结构的纤维集合体，也称为纺织预成型件，再与基体结合形成的复合材料，是现代纺织材料技术和复合材料技术的集成与创新，也称作先进或高级复合材料。根据不同的纺织加工方法，纺织预成型件中的纤维取向和交织方式具有完全不同的特征，导致其所体现出的性能存在明显的差异。纺织复合材料具有显著的抵抗应力集中、冲击损伤和裂纹扩展的能力，而且还能实现复合材料结构件的近净成型加工。近年来，纺织复合材料受到航空、航天、国防等领域的重视，成为国家防御、航空航天、能源环境、交通运输等领域的重要基础材料。

　　本专著研究内容得到了国家自然科学基金（11462016/51765051）资助。本书共分为7个章节：第1章系统概述复合材料定义、分类及特性，高性能纤维及环氧树脂；第2章主要介绍二维、三维纺织复合材料预制件织造技术；第3章主要阐述几种树脂基复合材料成型工艺；第4章主要介绍几种复合材料界面改性机理；第5章详细阐述多轴向经编和三维机织两种立体织物制备的复合材料的准静态力学性能、疲劳特性；第6章分析温度对复合材料力学性能的影响规律；第7章是基于细观尺度建立双轴向经编和三维机织复合材料有限元模型，数值模拟其拉伸特性。本书旨在为复合材料的研究及应用提供理论指导和技术支持，促进复合材料的广泛应用。本书可为从事复合材料技术研究的科研人员和企业工程技术人员提供参考。

　　本专著内容是作者基于近年来研究及所指导研究生李丹曦、王欣欣、马亚运、陶楠楠、杨晓日、王聪等所取得的实验成果所撰写。在著作的撰写、资料整理过程中，得到了陶楠楠、杨晓日、王聪及刘策等学生的协助，并参考了一些专家的著作、文献等内容，在此一并致以谢意！

学无止境，书中有不妥之处恳请读者和专家批评指正。

2020 年 5 月

目　录

1 复合材料概述

1.1 复合材料的定义、分类及特性

1.1.1 复合材料的定义

复合材料是由两种或两种以上物理和化学性质不同的物质组合而成的一种多相固体材料。不仅保持原组分的部分优点，而且获得原组分所不具备的新性能。通过对原材料的选择、各组分分布的设计和工艺条件的保证等，使原组分材料的优点互相补充，同时，利用复合材料的复合效应使之具备新的性能，最大限度地发挥优势。

纺织复合材料是纤维增强复合材料的一种高级形式，是以纺织材料（纤维、纱线、织物）作为增强体与基体结合形成的复合材料，是现代纺织材料技术与复合材料技术的集成与创新，称作先进或高级复合材料。

纺织复合材料预制件是通过纺织的方法，将纤维束按照一定的交织规律加工成二维或三维形式的纺织结构，使之成为柔性的、具有一定外形和内部结构的纤维集合体。根据不同的纺织加工方法，可分为机织、针织、编织和缝编等。纺织预成型件中的纤维取向和交织方式具有完全不同的特征，性能存在明显的差异。

1.1.2 复合材料的分类

1. 按作用分类

复合材料按作用分为结构复合材料和功能复合材料。

（1）结构复合材料是制造工程结构可承受外载荷的复合材料。例如，承力梁、接头等。这里，基体相起黏结和传递应力的作用，而增强相起承受应力的作用。

（2）功能复合材料是具有各种独特的物理性质的复合材料。例如，换能特性、阻尼特性、摩擦特性、导磁特性、导电特性、耐高温特性、耐烧蚀特性等。

2. 按基体分类

复合材料按基体分为树脂基复合材料、金属基复合材料、陶瓷基复合材料和水泥基复合材料（图 1-1）。

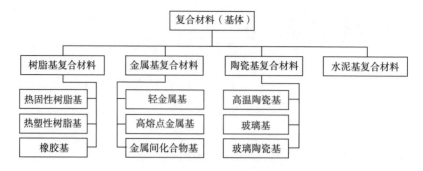

图1-1　复合材料按基体分类

3. 按增强体分类

如图 1-2 所示，复合材料按增强体分为颗粒、晶须、纤维（短纤维、长纤维）、织物（又可分为二维织物、三维织物）类复合材料。

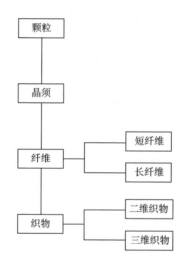

图1-2　复合材料按增强体分类

二维织物：织物的厚度不超过纱线直径的 3 倍，包括机织物、针织物、编织物等。

三维织物：用于结构复合材料的三维织物是一个完全整体的连续纤维组合体。在这个组合体中，纤维沿多个方向取向，包括在平面内取向和穿过平面取向。

1.1.3　复合材料的特性

复合材料是由多种组分组成，许多性能优于单一组分的材料。例如，纤维增强的树脂基复合材料，具有质量轻、强度高、可设计性好、耐化学腐蚀、介电性能好、耐烧蚀及容易成型加工等优点。设两种材料的各自特征为 A 和 B，由这两种材料组成的复合材料的特性为 x，则：

$$x=f\ (A,B)$$

根据两种材料的优缺点，通过选择设计，可以获得性能优异的复合材料。

1.1.3.1　高比强度、高比模量

比强度 = 拉伸强度（MPa）/ 密度（g/cm³）

在质量相等的前提下，比强度用于衡量材料承载能力。

比模量 = 弹性模量（GPa）/ 密度（g/cm³）

在质量相等的前提下，比模量为刚度特性指标。一般比强度越大，原料自重就越小；比模量越大，零件的刚性就越大。据估计，与高强度钢相比，用复合材料制成具有相同强度的零件时，其重量可减轻 70% 左右，这对于需要减轻材料重量的构件具有重要意义。

表 1-1 所示为一些常用材料及纤维复合材料的比强度和比模量。

表 1-1　一些常用材料及纤维复合材料的比强度、比模量

材料	密度 /（g·cm⁻³）	拉伸强度 /GPa	弹性模量 /GPa	比强度 /（×10⁶cm）	比模量 /（×10⁶cm）
钢	7.8	1.03	2.1	1.3	2.7
铝合金	2.8	0.47	0.75	1.7	2.6
钛合金	4.5	0.96	1.14	2.1	2.5
玻璃纤维复合材料	2.0	1.06	0.4	5.3	2.0
碳纤维Ⅱ/环氧复合材料	1.45	1.50	1.4	10.3	9.7
碳纤维Ⅰ/环氧复合材料	1.6	1.07	2.4	6.7	15
有机纤维/环氧复合材料	1.4	1.40	0.8	1.0	5.7
硼纤维/环氧复合材料	2.1	1.38	2.1	6.6	10
硼纤维/铝基复合材料	2.65	1.0	2.0	3.8	7.5

由表 1-1 可知，复合材料的高比强度和高比模量取决于增强纤维的高性能和低密度。碳纤维树脂基复合材料具有较高的比模量和比强度。在强度和刚度相同的情况下，结构质量可以减轻，或尺寸减小。这在节省能源、提高构件的使用性能方面是现有其他材料所不能比拟的。

高性能纤维是指对外部的作用不易产生反应，并具有高弹性模量、高强度、耐热、耐摩擦、耐化学药品、适应性强的纤维。其密度小，强度和模量高，对复合材料性能有重要影响。

1.1.3.2 抗疲劳性能好

疲劳是指零件或结构件在应力大小或应力方向交替（循环）变化下，经一段时间工作后，产生突然断裂的现象。

一般金属材料的疲劳破坏是无明显预兆的突发性破坏，而纤维复合材料具有良好的抗疲劳性。增强纤维的缺陷少，抗疲劳性好，基体的塑性好，能减小或消除应力集中区域的尺寸及数量，使源于基体、纤维缺陷处或界面上的疲劳难以萌生，抑制微裂纹的出现，即使形成微裂纹，基体（如聚合物基）的塑性形变也能使裂纹尖端钝化，减缓其扩展。

在裂纹的缓慢扩展过程中，基体的纵向拉压将引起其横向收缩，而在裂纹尖端的前缘造成基体与纤维分离，所以，经过一定应力循环后，裂纹由横向改为沿纤维与基体间的界面纵向扩展。

由于基体中分布着大量纤维，裂纹的扩展常常经历非常复杂和曲折的路径，其疲劳破坏从纤维的薄弱环节开始，逐步扩展到界面上，破坏前有明显的前兆，所以，纤维复合材料的疲劳强度比较高（表 1–2）。

表 1–2　不同材料在不同循环次数时的应力　　单位：MPa

循环次数	碳纤维复合材料	玻璃钢	铝合金
3	1500	900	500
4	1400	700	300
5	1300	600	200
6	1200	500	150
7	900	450	120

1.1.3.3 良好的阻尼减振性能

复合材料具有良好的阻尼减振性，主要源于复合材料的高比模量，所以，它的自振频率很高，不容易因共振而出现快速脆断。另外，复合材料中的基体界面具有吸震能力，使材料的振动阻尼很高，一旦振起来，在较短的时间内也可以停下来。

鉴于复合材料具有特殊的振动阻尼特性，可减振和降低噪声、抗疲劳性能好，损伤后易修理，便于整体成型，故可用于制造汽车车身、受力构件、传动轴、发动机架及其内部构件。

共振会严重影响结构的安全，甚至会造成破坏。而共振是外载振动频率与结构自振频率相同时产生的现象。如果能提高结构的自振频率（固有频率），就能有效地防止共振。自振频率除了与结构形状和质量有关外，还与结构材料的比模量平方根成正比。由于纺织复合材料比模量高，故振动的衰减速度要比钢快。

固有频率 f（Hz）：

$$f = \frac{\omega_{\mathrm{d}1}}{2\pi} = \frac{1}{2\pi} \times 1.015 \frac{h}{l^2} \sqrt{\frac{E}{\rho}} \qquad (1\text{-}1)$$

式中：h 为试件的厚度；l 为试件的长度；E 为试件的模量；ρ 为试件的密度。

1.1.3.4　良好的耐高温性能

由于增强纤维（除玻璃纤维以外）的熔点（或软化点）都比较高，因此，由它们构成的复合材料在高温下的强度和模量都有所提高。例如：铝合金的温度从室温升到 400 ℃时，强度从 500 MPa 下降到 30～50 MPa，弹性模量接近于零，但经过碳纤维或硼纤维增强后，在 400 ℃时，强度和模量则可以保持室温水平；航天飞机头锥温度可达 2760 ℃，机翼前缘温度可达 1930 ℃，无法采用金属材料结构，但碳/碳复合材料、陶瓷复合材料在航空、航天领域的耐高温方面却有着很重要的应用。

1.1.3.5　优良的透电磁波特性

透电磁波性能是指电磁波的透过率要高，同时，波的畸变度要小。此特性和承力特性相结合，可使复合材料用于制备机载雷达天线罩和信标机天线罩，同时，又是一部分机体结构的通用材料。这种物理特性也可用于隐形飞机和巡航导弹的结构。

1.1.3.6　可设计性强

通过改变纤维、基体的种类及相对含量、纤维集合形式及排列方式、铺层结构等可以满足对复合材料结构与性能的各种设计要求。复合材料制品的制造始于整体成型，一般不需焊、铆、切割等二次加工，工艺过程比较简单。

除此之外，某些特定的纤维复合材料还具有其他特点，如电绝缘性好、耐摩擦、耐腐蚀、抗冲击、耐高低温以及特殊的光、电、磁性能等。由于上述种种优越性，复合材料的应用范围将越来越广，用量将越来越多。

1.2　增强材料

增强材料是复合材料中能提高基体力学性能的组分，是主要承力组分，是复合材料的重要组成部分。增强材料可分为纤维、晶须和颗粒。

1.2.1　增强材料分类

1.2.1.1　纤维

纤维不仅能使材料显示出较高的抗张强度和刚度，而且能减小收缩，提高热变形温度和低温冲击强度等。复合材料的性能在很大程度上取决于纤维的性能、含量及使用状态。

高性能增强纤维有玻璃纤维、碳纤维、高强高模聚乙烯纤维、芳纶、玄武岩纤维、纳米纤维。可分为有机纤维和无机纤维。

有机纤维：芳纶、聚乙烯纤维和聚酰胺纤维等。

无机纤维：玻璃纤维、碳纤维、硼纤维、氧化铝纤维、碳化硅纤维、氮化硼纤维及其他纤维。

1.2.1.2 晶须

晶须是在人工控制条件下，以单晶形式生长成的一种纤维。晶须的直径一般为几微米，长几十微米。由于晶须的直径非常小，所以，没有在大晶体中常出现的缺陷，因而强度接近于完整晶体的理论值。近年来，晶须作为一种新型增强材料而倍受青睐。晶须没有显著的疲劳效应，切断、磨粉或其他的施工操作都不会降低其强度。晶须在复合材料中的增强效果与其品种、用量关系极大。

晶须一般都是一维线形针状体，主要用作复合材料增强体，生产成本很高，不易推广使用。晶须复合材料由于其价格昂贵，目前主要用在空间和尖端技术上，在民用方面主要用于合成牙齿、骨骼及直升机的旋翼等。

1.2.1.3 颗粒

用以改善复合材料力学性能，提高断裂性、耐磨性和硬度，增进耐腐蚀性能的颗粒状材料，称为颗粒增强体。

颗粒增强体的特点：选材方便，可根据不同的性能要求选用不同的颗粒增强体；颗粒增强体成本低，易于批量生产。

颗粒增强体的平均尺寸为 3.5 ~ 10 μm，最细的为纳米级（1 ~ 100 nm），最粗的颗粒粒径大于 30 μm。目前使用的颗粒增强体有碳化硅、氧化铝、氮化硅、碳化钛、石墨、碳酸钙等。

在复合材料中，颗粒增强体的体积含量通常为 15% ~ 20%，特殊的也可达 5% ~ 75%。

常见增强材料性能见表 1–3。

对于不同种类的增强材料，其价格、性能大不相同，因此，在选择增强材料时，要从最终应用角度充分考虑，从而选择合适的增强材料。

1.2.2 增强材料的性能

（1）能明显提高基体某种所需特性的性能。如高的比强度、比模量、高热导率、耐热性、耐磨性、低热膨胀等赋予树脂基体某种所需的特性和综合性能。

表 1-3 常见增强材料性能

纤维/材料	直径/μm	密度/(g·cm³)	拉伸强度/MPa	拉伸模量/GPa	比强度(σ/ρ)	比模量(E/ρ)	CTE/($\times10^{-4}K^{-1}$)	熔点/℃	断裂伸长率/%
E-玻璃纤维	7	2.54	3.45	70	1.35	27	约8.5	540+	4.8
S-玻璃纤维	15	2.50	4.50	86	1.8	34.5	0.31	540+	5.7
碳纤维,HM	7.5	1.9	1.8	400	0.9	200	3.2~12.1	>3500	1.5
碳纤维,HS	7.5	1.7	2.6	240	1.5	140	—	>3500	0.8
硼纤维	130	2.6	3.5	400	1.3	155	—	2300	
Kevlar-29	12	1.44	2.8	60	1.9	41.7	—	500(D)	3.5
Kevlar-49	12	1.45	2.8	134	1.9	92.4	—	500(D)	2.5
铜	—	7.8	0.34~2.1	208	0.04~0.27	27	—	1480	5~25
铝合金	—	2.7	0.14~0.62	69	0.05~0.23	26	—	600	8~16

（2）良好的化学稳定性。在复合材料制备和使用过程中，结构和性能不发生明显的变化和退化，与基体有良好的化学相容性，不发生严重的界面反应。

（3）与基体有良好的润湿性。通过表面处理，能与基体达成良好的润湿，以保证增强体与基体良好的复合，并且分布均匀。

1.2.3 玻璃纤维

玻璃纤维（GF）是以玻璃为原料，在高温熔融状态下拉丝而成，其直径在 0.5~30 μm。玻璃纤维是复合材料目前使用量最大的一种增强材料。玻璃纤维具有不燃、耐热、电绝缘、拉伸强度高、化学稳定性好等优良性能。至今，以不饱和聚酯为基体、以玻璃纤维增强的复合材料（玻璃钢）已遍及世界各地，应用范围几乎涉及所有的工业部门。

1.2.3.1 玻璃纤维分类

（1）按不同的含碱量分类。

① 无碱玻璃纤维（E-玻璃纤维）：指化学成分中碱金属氧化物含量 < 1%（国内 < 0.5%）的铝硼硅酸盐玻璃纤维。具有优异的电绝缘性、耐热性、耐候性和力学性能。

② 中碱玻璃纤维（C-玻璃纤维）：指化学成分中碱金属氧化物含量为 2%~6% 的钠钙硅酸盐玻璃纤维。其特点是：耐酸性好，但绝缘性差，强度和模量低，机械强度约为无碱玻璃纤维的 75%。由于其原料丰富，所以，成本比无碱玻璃纤维低，可用于耐酸而又对电性能要求不高的复合材料。广泛用于玻璃钢的增强以及过滤织物、包扎织物等。

③ 高碱玻璃纤维：指化学成分中碱金属氧化物含量为 11.5% ~ 12.5%（或更高）的钠钙硅酸盐玻璃纤维。其特点是：耐酸性好，但不耐水，原料易得，价格低廉。由于碱金属氧化物含量高，对潮气的侵蚀极为敏感，耐老化性差，耐酸性比 C– 玻璃纤维差，因此，很少生产和使用。

④ 特种玻璃纤维：如由纯镁、铝、硅三元素组成的高强玻璃纤维，镁、铝、硅系高强高弹玻璃纤维，硅、铝、钙、镁系耐化学介质腐蚀玻璃纤维，含铅纤维，高硅氧纤维，二氧化硅纤维等。

（2）按纤维性能分类。

① 高强玻璃纤维（S– 玻璃纤维）：由纯 Mg、Al、Si 三元素组成。其拉伸强度比无碱玻璃纤维高约 35%，杨氏模量高 10% ~ 20%，高温下仍能保持良好的强度和疲劳性能。

② 高模量玻璃纤维（M– 玻璃纤维）：是一种 BeO、ZrO_2 或 TiO_2 含量较高的玻璃纤维。其相对密度较大，比强度并不高，由它制成的玻璃钢制品有较高的强度和模量，适用于航空、航天领域。

③ 普通玻璃纤维：有碱玻璃纤维——钠、钙系玻璃；无碱玻璃纤维。

④ 耐酸玻璃纤维：为 Si、Al、Ca、Mg 系耐化学腐蚀玻璃纤维，适用于耐腐蚀部件和蓄电池套管等。

1.2.3.2 玻璃纤维性能

（1）物理性能。玻璃纤维呈表面光滑的圆柱体，纤维之间的抱合力非常小，不利于和树脂黏结。玻璃纤维彼此相靠近时，空隙填充得较为密实，有利于提高玻璃钢制品的玻璃含量。

（2）力学性能。玻璃纤维的最大特点是拉伸强度高。一般玻璃制品的拉伸强度只有 40 ~ 100 MPa，而直径为 3 ~ 9 μm 的玻璃纤维拉伸强度则高达 1500 ~ 4000 MPa，较一般合成纤维高约 10 倍，比合金钢还高 2 倍。

（3）纤维的弹性。玻璃纤维的弹性模量约为 7×10^4 MPa，与铝相当，只有普通钢的 1/3。对玻璃纤维的弹性模量起主要作用的是其化学组成。实践证明，加入 BeO、MgO 能够提高玻璃纤维的弹性模量。

（4）纤维的耐磨性和耐折性。玻璃纤维的耐磨性是指纤维抵抗摩擦的能力；玻璃纤维的耐折性是指纤维抵抗折断的能力。玻璃纤维这两方面性能都很差，经过揉搓摩擦容易受伤或断裂，这是玻璃纤维的严重缺点。当纤维表面吸附水分后能加速微裂纹扩展，使纤维耐磨性和耐折性降低。

（5）纤维热性能。导热系数是指在稳定传热条件下，1 m 厚的材料，两侧表面温差为 1 ℃，在 1 h 内通过 1 m² 面积传递的热量。

玻璃纤维导热系数为 0.03 kcal/（m·℃·h），产生这种现象的原因主要是纤维间的空隙较大，容重较小；容重越小，其导热系数越小，主要是因为空气导热系数低；导热系数越小，隔热性能越好。

（6）纤维的光学性能。玻璃是优良的透光材料，但玻璃纤维制品透光性远不如玻璃。一般情况下，玻璃布的反射系数与布的织纹特点、密度及厚度有关，平均为40%～70%；如将透光性较弱的半透明材料垫在下边，玻璃布的反射系数可达87%。

（7）化学性能。玻璃纤维除氢氟酸（HF）、浓碱（NaOH）、浓磷酸外，对所有化学药品和有机溶剂均具有很好的化学稳定性。

1.2.4 碳纤维

碳纤维（CF）不仅具有碳材料的固有特性，又兼具纺织纤维的柔软可加工性，是由90%以上的碳元素组成的新一代高性能增强纤维，是有机纤维经固相反应转变而成的纤维状聚合物碳，是一种非金属材料。

1.2.4.1 碳纤维分类

按照生产碳纤维的原材料分类，可分为聚丙烯腈基碳纤维（表1-4），沥青基碳纤维（表1-5）和黏胶基碳纤维；按照力学性能分类，可分为高强度纤维、高模量纤维、通用性纤维、中模量纤维、低模量纤维。

表 1-4 聚丙烯腈基碳纤维性能指标

性能	航空		
	标准	中级	高级
抗拉模量 /GPa	220～241	290～297	345～448
抗拉强度 /MPa	3450～4830	3450～6200	3450～5520
断裂伸长率 /%	1.5～2.2	1.3～2.0	0.7～1.0
电阻率 /（μΩ·cm）	1650	1450	900
导热系数 /（W·m^{-1}·K^{-1}）	20	20	50～80
热膨胀系数，轴向 /（×10^{-6}K）	−0.4	−0.55	−0.75
密度 /（g·cm^{-3}）	1.8	1.8	1.9
碳含量 /%	95	95	+99
单纤直径 /μm	6～8	5～6	5～8

1.2.4.2 碳纤维性能

（1）力学性能。碳纤维具有很高的抗拉强度和模量，其抗拉强度是钢材的2倍、铝的6倍，其模量是钢材的7倍、铝的8倍。

（2）物理性能。

①耐热性：在不接触空气或氧化性气氛时，碳纤维具有突出的耐热性，在高于1500℃下强度才开始下降。

表 1–5　沥青基碳纤维性能指标

性能	低级模量	高级模量	超高级模量
拉伸模量 /GPa	170 ~ 241	380 ~ 620	690 ~ 965
拉伸强度 /MPa	1380 ~ 3100	1900 ~ 2750	2410
断裂伸长率 /%	0.9	0.5	0.4 ~ 0.27
电阻率 / ($\mu\Omega \cdot cm$)	1300	900	220 ~ 130
导热系数 / ($W \cdot m^{-1} \cdot K^{-1}$)	—	—	400 ~ 1100
轴向热膨胀系数 / ($\times 10^{-6} K$)	—	–0.9	–1.6
密度 / ($g \cdot cm^{-3}$)	1.9	2.0	2.2
碳含量 /%	+97	+99	+99
单纤直径 /μm	11	11	10

②热膨胀系数：碳纤维的热膨胀系数具有各向异性的特点，平行于纤维方向为负值而垂直于纤维方向为正值。

③热导率：热导率具有方向性，平行于纤维方向的热导率为 16.74 W/ ($m \cdot K$)；垂直于纤维方向的热导率为 0.837 W/ ($m \cdot K$)。

④密度：ρ 在 1.5 ~ 2.0 g/cm^3，密度与原丝结构、碳化温度有关。碳纤维的比热容一般为 0.712 kJ / （kg · K）。

（3）化学性能。碳纤维的化学性能与碳很相似。它除能被强氧化剂氧化外，对一般酸碱是惰性的。在空气中，当温度高于 400 ℃时会出现明显的氧化，生成 CO 和 CO_2。

当碳纤维在高于 1500 ℃时强度才开始下降。另外，碳纤维还有良好的耐低温性能，如在液氮温度下也不脆化，它还有耐油、抗放射、抗辐射、吸收有毒气体和减速中子等特性。

1.2.5　高强高模聚乙烯纤维

高强高模聚乙烯纤维又称为超高分子量聚乙烯纤维，是当今世界三大高科技纤维（碳纤维、芳纶、高强高模聚乙烯纤维，表 1–6）之一。其中，高强高模聚乙烯纤维质量最轻，化学稳定性好，耐磨耐弯曲性能、张力疲劳性能和抗切割性能最强，是用于航空航天、防弹防刺（轻质高性能防弹板材、防弹头盔、软质防弹衣、防刺衣）等国防领域和汽车制造、运动器材、劳动防护用品、建筑工程加固等民用领域的理想材料。

1.2.5.1　高强高模聚乙烯纤维的性能

（1）高强、高模、轻质。强度非常高强度相当于优质钢丝的 15 倍，比普通有机纤维高出近 10 倍，比对位芳纶（芳纶 1414）高 40% 左右；比拉伸模

表 1-6 三种高性能纤维的加工性能比较

纤维品种 / 加工性能	PE 纤维	芳纶 29	芳纶 49	碳纤维（高强）	碳纤维（高模）
耐磨（直至破坏的循环次数）	>110 × 1000	9.5 × 1000	5.7 × 1000	20	120
耐弯曲（直至破坏的循环次数）	>240 × 1000	3.7 × 1000	4.3 × 1000	5	2
勾结强度 /（g·旦$^{-1}$）	10 ~ 15	6 ~ 7	6 ~ 7	0	0
成环强度 /（g·旦$^{-1}$）	12 ~ 18	10 ~ 12	10 ~ 12	0.7	0.1

量仅次于高模碳纤维，较对位芳纶高得多；密度小于 1，可浮在水面。

（2）优越的能量吸收性能。高强高模聚乙烯纤维韧性很好，能在塑性变形过程中大量吸收能量；纤维的模量非常高，具有较低的伸长率，断裂所需的能量很大。因此，它的复合材料在高应变率和低温下仍具有良好的力学性能，抗冲击能力比碳纤维、芳纶及一般玻璃纤维复合材料高。

该纤维复合材料的比冲击总吸收能量分别是碳纤维、芳纶和 E- 玻璃纤维的 1.8 倍，2.6 倍和 3 倍，其防弹能力比芳纶装甲结构高 2.5 倍。这些性能被用于弹道防护产品和防切割、防冲击产品上。

（3）良好的抗湿性和耐化学腐蚀性。高强高模聚乙烯纤维具有高度的分子取向和结晶，大分子截面积小，所以，链间排列紧密，有效地阻止水分子和化学试剂的侵蚀，因此，纤维具有杰出的抗水、防潮、防多数化学品以及良好的耐溶剂溶解的性能。在多种溶剂中浸泡半年，强度却完全保留，显现出与大多数有机纤维不同的优良特性。

（4）优越的耐磨性、耐疲劳性、挠曲性。高强高模聚乙烯纤维耐磨性随模量的增大而增大，适合于耐疲劳要求高的场合，该纤维在具有高模量的同时，在大变形作用下仍然具有柔韧性，而且有长的挠曲寿命，加工能力良好，常被用来制作高强缆绳以及制作耐疲劳要求高的复合材料。

（5）低的介电常数和介电损耗。高强高模聚乙烯纤维的介电常数和介电损耗值低，在各种制作复合材料的纤维中最小，反射雷达波最小，因此，对雷达波的透射率很高，常被用来制作各型雷达的外罩。表 1-7 列出不同材料的介电常数和介电损耗值。

表 1-7 聚乙烯与其他材料的电性能对比

材料	聚乙烯	聚酯	有机硅树脂	聚酰胺	酚醛	E- 玻璃纤维
介电常数	2.3	3.0	3.0	3.0	4.0	6.0
介电损耗 /（× 10^{-4}）	4	90	30	128	400	60

（6）耐紫外线能力强。芳纶不耐紫外光，使用时必须避免阳光直接照射，而高强高模聚乙烯纤维是有机纤维中耐光性非常优异的。同样经紫外光照射1500 h，该纤维的强度保持率在90% 左右，而芳纶只有30%。

（7）耐低温能力强。在很低的温度下，该纤维仍能够保持柔软，有研究表明，即使在 –150 ℃的条件下，纤维也无脆化点，可被应用于温度极低的太空环境下的装备，如宇航服、飞行器结构等。

1.2.5.2　高强高模聚乙烯纤维的不足

（1）界面粘接强度低。由于该纤维表面的惰性和非极性，浸润性差，因此，纤维与基体之间的界面粘接强度低，影响了该纤维复合材料的力学性能，尤其是层间剪切、横向拉伸和断裂韧性等性能，限制了它作为结构材料方面的应用。

可以通过纤维表面处理、使用黏结剂等方法改善复合材料的界面强度。该纤维表面处理方法有化学处理、低温等离子改性、辐射接枝改性、化学氧化法改性等；黏结剂的使用，无须对纤维进行表面处理就能改善界面状态，提高该纤维复合材料的整体性能。

（2）蠕变性高。该纤维的蠕变比一般化学纤维小，但相比其他高性能纤维却要高，影响了其在复合材料中的应用。可通过纤维本身改性，来提高纤维抗蠕变的性能，通过溶有光敏剂的超临界二氧化碳辅助渗透预处理后，再经紫外光辐照使超高分子量聚乙烯纤维内部分子链间发生交联，可提高它的抗蠕变性能；将其与其他抗蠕变性能好的纤维（碳纤维、玻璃纤维等）混杂，可明显提高其抗蠕变的性能。

（3）耐高温性能差。该纤维耐低温性能好，但其玻璃化转变温度低，熔点也低（150 ℃），影响其在高温环境下的使用。在接近100 ℃时，耐恒定静拉载荷能力迅速下降，不适用在此温度范围较长时间承受较大载荷的场合。

耐高温性能差是该纤维的固有特性，尽量避免在高温环境下使用。若对纤维作长时间的热处理（130 ℃），在承载较小时能保持它的室温性能；在纤维分子间生成架桥结构，可提高其耐热性能。

（4）压缩强度低。由于高强高模聚乙烯纤维长链分子间的结合力（如范德华力）弱，其纤维复合材料的轴向压缩强度低，只有拉伸强度的 1/6 ~ 1/12，影响应用范围。

可将该纤维与高性能纤维（碳纤维、玻璃纤维）混杂制成混杂复合材料，提高压缩强度。

1.2.6　芳纶

芳纶即芳香族聚酰胺类纤维，在国外商品牌号为凯芙拉（Kevlar）纤维。

1.2.6.1 芳纶特点

（1）高模量。纤维的苯环结构使它的分子链难于旋转。高聚物分子不能折叠，又呈伸展状态，形成棒状结构，从而使纤维具有很高的模量。

（2）高强度。聚合物的线性结构使分子间排列得十分紧密，在单位体积内可容纳很多聚合物分子，这种高的密实性使纤维具有较高的强度。

（3）耐高温。苯环结构由于环内电子的共轭作用，使纤维具有化学稳定性。又由于苯环结构的刚性，使高聚物具有晶体的本质，使纤维具有高温尺寸稳定性，不发生高温分解。

1.2.6.2 芳纶性能

（1）芳纶的力学性能。在有机纤维中，芳纶的力学性能是极其优异的，即使与无机纤维相比较，其强度也不逊色。

① 弹性模量高：Kevlar-49 纤维拉伸模量为 125 GP，比有机纤维高得多，约为玻璃纤维的 2 倍，比碳纤维低。

② 强度高：Kevlar-49 纤维的拉伸强度为 3620 MPa，与 S- 琉璃纤维、碳纤维 – Ⅱ 强度相当。分子链堆积密度大，单位面积的分子链数目多。

③ 应力—应变曲线是一条直线：属于脆性断裂，断裂延伸率为 2.5%，高于 CF，低于 GF。

④ 密度小：Kevlar-49 的密度为 1.45 g/cm^3，低于 GF、CF，导致比强度较高。

⑤ 良好的韧性：分子主链上苯环间仍有柔顺的链节，微纤呈周期性弯曲，分子间氢键连接，使纤维具有一定的韧性。

⑥ 各向异性：由于轴向是伸直的分子链，以化学键相连；横向分子链间仅以氢键联结，使纤维具有各向异性特点，其横向强度及模量远低于纵向强度及模量。

⑦ 抗压性能、抗扭性能较低：这是芳纶的致命弱点。抗压、抗扭性能差是因为分子间次价键连接、分子链呈弯曲状，受压缩、扭转时易纵向分层。

⑧ 强度分散性大：纤维中及纤维表面仍存在有空隙等缺陷，它也像其他脆性纤维一样，强度分散性大。

⑨ 纺织性能好：因韧性大，纺织后纤维的强度保持率在 90% 以上。但扭转对强度的影响较其他纤维大，纱的捻度越大，强度损失越大。

⑩ 抗蠕变性好、抗疲劳性好。

（2）芳纶的热稳定性。苯环结构由于环内电子的共轭作用，使纤维具有化学稳定性，不发生高温分解。又由于苯环结构的刚性，使高聚物具有晶体的本质，使纤维具有高温尺寸稳定性。芳纶有良好的热稳定性，耐火而不熔，在 180 ℃下仍能很好地保持其性能，当温度达 487 ℃时尚不熔化，但开始碳化。

由于芳纶不熔融也不助燃，短时间内暴露在 300 ℃以上高温环境，对于强度几乎没有影响。在 −170℃ 的低温下也不会变脆，仍能保持其性能。

（3）芳纶的化学性能。除强酸与强碱以外，芳纶几乎不受有机溶剂、油类的影响。芳纶对紫外线是比较敏感的，若长期裸露在阳光下，其强度损失很大，因此，应加能阻挡紫外光的保护层。在饱和湿度下，Kevlar−49 能从大气中吸收 6% 的水分，饱和吸湿率大。吸湿后，由于水分子侵入纤维会破坏氢键，使纤维强度降低，复合材料压缩性能和弯曲性能降低。

（4）其他性能。芳纶与树脂的界面黏结性不好，甚至比 CF 差。

Kevlar 纤维表面缺少化学活性基团，用等离子体空气或氯气处理纤维表面，可使 Kevlar 纤维表面形成一些含氧或含氮的官能团，提高表面活性及表面能，显著地改善对树脂的浸润性和反应性，增加界面黏结强度。

芳纶的介电性能比 GF 好，可作雷达罩透波材料。Kevlar−49 纤维适合与碳纤维混合使用，制备混杂复合材料。

1.3 树脂基体

1.3.1 基体概述

基体一般指以有机高分子聚合物为主体，在一定的温度和压力下可塑制成型的合成材料。主要特点为：密度小；强度比较高；具有良好的力学性能、电性能、光性能和化学稳定性。

除了以有机高分子为主体以外，往往还加入增加塑性的增塑剂，改变表面性能的润滑剂，防止受光热影响的稳定剂，色料和填料等配合剂。

目前，大规模生产的树脂品种大致有 300 多种。

1.3.2 基体的种类

复合材料的基体包括金属、陶瓷、聚合物。

（1）金属基复合材料。主要涉及材料表面、界面、相变、凝固、塑性形变、断裂力学等。金属基复合材料中，基体主要是各种金属或金属合金。

（2）陶瓷材料。用作基体材料的陶瓷一般应具有优异的耐高温性质、与纤维或晶须之间有良好的界面相容性以及较好的工艺性能等。常用的陶瓷基体主要包括玻璃、玻璃陶瓷、氧化物陶瓷、非氧化物陶瓷等。

（3）聚合物材料。主要包括热固性树脂和热塑性树脂。热固性树脂包括不饱和聚酯树脂、环氧树脂、酚醛树脂及各种热塑性聚合物等。

① 热固性树脂：在常温下一般是液体或固体。液体状树脂在初受热时黏度变低。固体状树脂在初受热时会变软，甚至成为液体。它们可以塑制加工成一定的形状。随着加热的继续或加入固化剂后，会逐步凝胶以至固化成型，再加

热也不会软化，不熔不融，即它的变化（相变）是单向的。这类树脂中所包含的高分子聚合物属于体型网状结构。例如，脲醛树脂、三聚氰胺树脂、二甲苯树脂、邻（间）苯二甲酸二丙烯酯树脂、聚苯硫醚、聚酰亚胺、有机硅等。

② 热塑性树脂：在常温下是固体，加热到一定温度时可软化，甚至流动（特别是在加压时易流动），它们可以塑制加工成一定的形状。冷却后变硬，再加热可软化，即它的变化（相变）是双向的。这类树脂中所包含的高分子聚合物属于线型或支链型分子结构。常用的有聚乙烯、聚丙烯、聚丁烯、聚醋酸乙烯、聚乙烯醇、聚氯乙烯、聚苯乙烯、丙烯腈—丁烯—苯乙烯共聚物（ABS）、聚酰胺、聚碳酸酯、聚甲醛、氯化聚醚、聚砜、聚酚醚、有机氟树脂、聚甲基丙烯酸甲酯、聚丙烯腈、聚氨基甲酸酯等。

1.3.3　基体的作用

（1）将纤维黏合成整体并使纤维位置固定，在纤维间传递载荷，并使载荷均衡。

（2）基体保护纤维免受各种损伤。

（3）赋予复合材料各种特性（耐热、耐腐蚀、阻燃、抗辐射）。基体决定复合材料的一些性能，如复合材料的高温使用性能（耐热性）、横向性能、剪切性能、耐介质性能（如耐水、耐化学品性能）等。

（4）基体决定复合材料成型工艺方法以及工艺参数选择等。

此外，基体对复合材料的另外一些性能也有重要影响，如纵向拉伸，尤其是压缩性能、疲劳性能、断裂韧性等。

2 纺织复合材料预制件成型

2.1 纺织复合材料

2.1.1 概述

纺织复合材料预制件或预成型件是指纺织复合材料中的纤维组合体（纤维束/纱线、织物等），特别是指织物这种纤维的组合体。所以，纺织复合材料也可以说是由纺织预制件增强的一类复合材料。

纺织复合材料是纤维增强复合材料的一种高级形式，它是由增强纤维通过纺织加工方法获得二维或三维形式的纺织增强结构，并与基体材料复合而成。其中，二维织物是织物的厚度不超过纱线直径的3倍，包括机织、针织、编织等织物。平面交织或成圈体系虽然可以克服连续长丝体系的层内断裂问题，但层间的强度受到基体强度的制约，并且比结构应用所需的层间强力低大约一个数量级。二维织物制作层压复合材料，可用于赛车、赛艇上。在汽车以中、高速行驶时，这种压力不会使汽车壳体产生变形或变形极小，而赛车在超高速行驶时，壳体的变形则不容忽视，它会改变车体的流线型外形，增加空气阻力。

三维织物是一个完全整体的连续纤维组合体。在这个组合体中，纤维沿多个方向取向，包括在平面内取向和穿过平面取向。在此结构中，纤维沿不同方向排列。采用连续长丝纱线，纱线束形成一个三维网状的整体结构。这种整体结构的显著特点是：沿厚度方向加入增强纤维，因此，复合材料实际上不会产生分层现象。包括三维机织物、针织物和编织物。同时，应用该结构可以织造出复杂的结构形状。

2.1.2 复合材料的结构

复合材料的结构通常是一相为连续相，称为基体；而另一相则以独立的形态分布在整个连续相中的分散相，它显著增强材料的性能，称为增强体。

多数情况下，分散相较基体硬，刚度和强度较基体大。分散相可以是纤维及其编织物，也可以是颗粒状或分散的填料。

复合材料设计分为三个层次，即单层材料设计、铺层设计、结构设计。

（1）单层材料设计包括选择增强材料、基体材料及共配比，决定单层板的性能。

（2）铺层设计包括对铺层方案做出合理的安排，该层次决定层合板的性能。

（3）结构设计则最后确定产品结构的形状和尺寸。

2.1.3 复合材料的性能

复合材料的性能取决于组分材料的种类、性能、含量和分布。主要包括增强体的性能及其表面物理、化学状态；基体的结构和性能；增强体的配置、分布和体积含量。

复合材料的性能还取决于复合材料制造工艺条件、复合方法、零件几何形状和使用环境。

复合材料既能保留原组分材料的主要特色，并通过复合效应获得组分材料所不具备的性能，还可以通过材料设计使各组分的性能相互补充并彼此关联，从而获得新的性能。

不论是短纤维增强还是连续长丝增强复合材料，增强纤维之间未能有效缠结，仅靠基体材料将其相互黏结，因此，该类复合材料在力学性能方面的缺陷是十分明显的，如低的横向（垂直于纤维排列方向）拉伸强度和刚度、低的抗压缩性能以及低的抗冲击性能。

通过纺织成型方法，将增强纤维加工成二维形式的纺织结构，如各种类型的织物，使纤维束按照一定的规律在平面内相互交织和缠结，从而提高了纤维束之间的抱合力。

2.1.4 纺织结构预成型件

通过纺织的方法，将纤维束按照一定的交织规律加工成二维或三维形式的纺织结构，使之成为柔性的、具有一定外形和内部结构的纤维集合体，称为纺织预成型件。根据不同的纺织加工方法，例如，机织、针织、编织和非织造等，纺织预成型件中纤维取向和交织方式具有完全不同的特征，导致其所体现出的性能存在明显差异。

2.2 二维纺织预成型件制备技术

2.2.1 机织技术

机织物是由两组纱线交织而成，沿织物长度方向的为经纱，沿织物宽度方向的为纬纱。经、纬纱垂直交织，形成织物。一般的机织物厚度较小，可视为二维织物。

以玻璃纤维、碳纤维或芳纶为原料，采用平纹、斜纹、缎纹等基础组织，织造二维织物，然后根据需要将多层织物用树脂分层黏合，可以制成重量轻、强度高、刚性好的复合材料。复合材料可以制成板材，也可根据构件形状，利用模具一次成型。织物的复合可以手工涂抹，也可使用专用设备完成。由于机织复合材料的优异特性，使其在航空航天、化工、运输、建筑、交通等领域有着广泛的应用。

机织物根据组织结构的不同分为平纹织物（图2-1），斜纹织物（图2-2）和缎纹织物（图2-3）三种。

图2-1　平纹织物结构

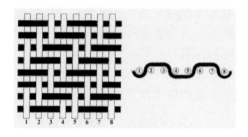

图2-2　斜纹织物结构

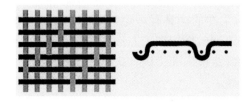

图2-3　缎纹织物结构

二维织物如果采用平纹组织，织物交织点多，经、纬纱结合紧密。织造过程中由于经、纬纱频繁交织，经纱受到的摩擦较大，增加了织造的难度。在使用模具制作复合材料时，平纹织物不易与模具贴伏，复合材料从模具中取出后，表面要经过修理方能获得理想的外形。平纹织物中的经、纬纱屈曲较大，承受外力时，屈曲处易产生应力集中，降低材料的整体性能。另外，在构件承受拉力时屈曲的纱线有向伸直状态变化的趋势，降低了构件的刚度。

与平纹织物相反，缎纹织物（五枚缎纹或八枚缎纹）组织交织点少，容易织造。缎纹织物悬垂性好，易与模具贴伏。由于纱线在织物中屈曲较少，由其制备的复合材料的整体性能、构件刚度均优于平纹织物。

斜纹织物经纬纱交织状态、最终产品的性能则介于平纹与缎纹织物之间。

2.2.2　编织技术

2.2.2.1　编织方法

在二维编织中，一般有一个编织纱系统。编织前，首先根据所需的织物结构确定所用的纱锭数目，并将这些纱锭按一定规律安放在轨道盘上，然后将卷绕好纱线或纤维束的纱管安放到纱锭上，再把所有的纱线通过成型板集中在卷取装置上。调整好纱锭在轨道盘上的运动速度和卷取速度便可编织。

编织纱系统分为两组，一组在轨道盘上沿一个方向运动，另一组则沿相反方向运动。这样纱线相互交织，并和织物成型方向夹有 θ 角。θ 角称为编织角。交织的纱线在成型板处形成织物，然后被卷取装置移走。如果希望沿织物成型方向（即轴向）使织物得到增强，可以沿织物成型方向加入另一个纱线系统，即轴纱系统。轴纱在编织过程中并不运动，它只是被编织纱所包围，从而形成一个二维三向织物。纱线的取向为：0°，$\pm\theta$。二维编织织物中纱线结构如图2-4所示。

图2-4　二维编织物的纱线结构

二维编织所织造出的织物厚度不会超过三根纱线直径的总和。如果有织物厚度需超过三根纱线直径的总和，则可以根据要求在已经编织好的织物上再编几层，形成二维多层编织物，以满足厚度的要求。

2.2.2.2　常用的编织结构

（1）管状编织。由两组编织纱或编织纤维组成。成型后织物中编织纱与编织物成型方向夹角相同，方向相反。一组中的一根纱线不会与同一组中的任何其他纱线相交，即在同一组中所有纱线是互相呈圆筒形平行，而两组纱线则互相呈圆筒形相交。

编织中，所有纱线同时运动，同一组中所有纱线沿同一方向运动，而另一组中所有纱线则沿与上一组纱线相反方向运动。为保证两组纱线相互交织，机器提供一种运动：在每一组中，一些纱线朝着圆管的中心运动，其余纱线则朝着圆管的外缘运动。在同一时刻，纱线不但沿着圆管的半径方向向里、向外运动，而且还沿着圆管的圆周方向运动。

（2）菱形编织（1/1交织）。一根纱线连续交替地从另一纱线组中的一根纱线的下面通过，紧接着又从另一纱线组中的另一根纱线的上面通过。

（3）规则编织（2/2交织）。一根纱线连续地从另一纱线组中的两根纱线上面通过，然后又从另一纱线组中的另两根纱线下面通过，这样交替地进行交织。

（4）赫格利斯编织（3/3交织）。一根纱线连续地从另一纱线组中的三根纱线的下面通过，紧接着又连续地从另一纱线组中的另外三根纱线的上面通过，这样交替地进行交织。

（5）加入衬纱编织。上述的各种编织都可以沿织物成型方向加入一组纵向纱线，此种纱线被称为衬纱、轴纱或筋。衬纱在编织过程中并不运动，只是被运动的编织纱所包围、握持，最后形成织物的一部分。引入衬纱提高了编织物的稳定性，提高了织物及所形成复合材料在衬纱引入方向的抗拉、抗压强度和模量。

2.2.2.3　编织机构

编织机包含三个主要部件：携纱器、纱线交织机构和提取机构。

（1）携纱器。编织机上纱线供应卷装是有边的或无边的纱管，如图2-5所示。为了进行编织，必须把纱管安放在携纱器上。

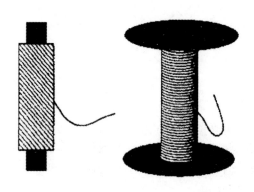

图2-5　2D编织所用纱管

（2）角齿轮和角导轮。携纱器在角齿轮的带动下沿轨道槽运动。角导轮是安装在角齿轮上的一个金属盘，在此金属盘的周界上铣有凹槽，这些凹槽带着携纱器运动，并把携纱器从一个角齿轮转移到下一个角齿轮（图2-6）。

（3）轨道和轨道盘。轨道就是携纱器运动的路径，它一般被加工成复合的

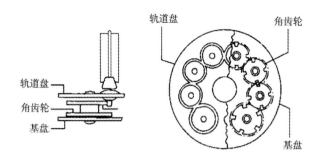

图2-6 编织机结构示意图和角齿轮排列情况

"8"字形。轨道要保证携纱器的轨道跟随器永远在角导轮中。

（4）提取机构。当角齿轮旋转并推动携纱器沿着轨道运动时，纱线相互交织形成织物。纱线形成织物点称为编织口。为形成连续编织物，须有一装置不断把已形成的编织物从编织口处移走，这个装置就是提取机构。

根据所织造编织物类型，提取机构分为两种：用于提取柔性的、可以卷绕在圆筒上的编织物；用于提取刚性的、不可弯曲的编织物。

（5）成型器。中间有引导孔，安装在携纱器上方，即轨道盘的纵轴方向。织物从引导孔中通过，可以使织物的编织口和轨道盘之间的距离固定不变，编织出结构均匀织物。

（6）纵向纱线。也称轴向纱线，是在编织时被引入的一组和织物成型方向一致的纱线。轴向纱线在编织过程中并不运动，而是夹在编织纱线之间，因此，可称为衬垫纱。加有轴向纱线的编织物属于二维三轴向织物。轴向纱线通过角齿轮螺栓中心的通孔被引入两组编织纱之间。

2.2.3 针织技术

针织物具有相互串套的线圈结构，根据织物中纱线的走向和线圈的结构，针织物可以分为经编织物和纬编织物两大类。针织结构的明显特点是在经向和纬向都可以置入增强纱线，增强纱线以直线状态配置于织物中。纵向增强纱为衬经纱，纬向增强纱为衬纬纱。增强纱线的使用改善了针织结构的性能，扩大了针织复合材料的应用范围。

经编和纬编是两种传统的编织工艺，可用于织造复合结构预制件。

2.2.3.1 二维纬编针织物

纬编是将一根或数根纱线由纬向喂入针织机的工作针上，使纱线按照一定的顺序弯曲成圈，然后加以串套而形成纬编针织物的编织方法。用来编织这种针织物的机器称为纬编针织机。通常针织服装面料都是纬编织物。纬编对加工纱线的种类和线密度有较大的适应性，所生产的针织物的品种也非常广泛。纬编针织物的品种繁多，既能织成各种组织的内外衣用坯布，又可编织成单件的成型和部分成型产品。同时，纬编的工艺过程和机器结构比较简单，易于操作，且机器的生产效率比较高，因此，纬编在针织工业中比重较大。纬编针织机的类型很多，一般根据针床数量、针床形式和用针类别等参数来区分。

2.2.3.2　二维经编针织物

经编是由一组或几组平行排列的纱线分别排列在织针上，同时，沿纵向编织形成织物的方法。用来编织这种针织物的机器称为经编针织机。一般经编织物的脱散性和延伸性比纬编织物小，其结构和外形的稳定性较好，用途也较广泛，除可生产衣用面料外，还可生产蚊帐、窗帘、花边装饰织物、医用织物等。经编机同样也可以根据针床、织针针型来进行区分。

图 2-7 为双轴向衬线经编织物。高强度涤纶、玻璃纤维、芳纶、碳纤维均可以用作衬线。在该织物结构中，经纱和纬纱呈刚直状态，纱线的强度可以被充分利用。在这种情况下，可以直接从纱线的强力计算出织物能承受的外力。织物中，衬线（经纱和纬纱）由另一组纱线所形成的经编线圈结构束缚在一起，形成经编线圈的纱线结构。涤纶、锦纶长丝都可以用作束缚纱。由于其主要功能是束缚衬线，因此，可使用低特纱线。双轴向衬线经编织物都需经涂层或树脂模塑固化处理，作为最终产品来使用。

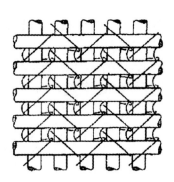

图2-7　双轴向衬线经编织物

经编织物在土工织物的应用方面有很大的潜力，因为该织物孔眼设计灵活，可用于土壤增强、土壤过滤、排水等方面；采用由细密非织造布增强的双轴向高强涤纶具有方向性的结构织物作为隔离材料，将其铺设于河岸的石头或混凝土的下面，可以防止土壤被波浪冲走。

2.3 三维纺织预成型件制备技术

2.3.1 机织技术

为克服二维织物复合材料层间强度低的缺点，先进复合材料中由三维整体纺织结构增强。在二维织物的基础上，增加织物的厚度，在织物的厚度方向上必然存在部分经纱或纬纱，在织物中沿着三个方向都排列着纱线。应用三维机织可把纤维或纱线束织成三维立体织物，即通过多重经纱织造，由于采用多重经纱，从而使织物厚度增加，并且沿厚度方向纱线或纤维相互交织在一起，即按一般概念的"层"之间是相互连接在一起的，提高了织物"层"间抗剪切的能力。目前，可以织造出由 17 层经纱和纬纱相互交织的立体织物。

1. 三维机织物特点

织物内，经向和纬向纱束在平面内呈垂直交织或排列，以提供复合材料的面内性能，而贯穿于结构厚度方向上的接结纱束则提供材料的稳定性。

交织纱线的方向数为 3 层或更多；织物厚度大，多达几十层；织物内纱线大多是挺直的，表面纱线有 180° 的转向；可制成各种形状，如 T 字形，工字形等；通常采用高性能纱线加工；可采用专用设备，或在一般织机上加辅助机构织造。

2. 不同结构三维机织物预制件

（1）三维正交织物。各向同性比较好，是用相同层数、粗细一样的纱线织成的织物，比较厚；三维织物中捆绑纱不必像经纱那样紧密地排列，相邻纱间可以有一定的距离，这样可以降低经、纬纱的屈曲。由于织物中的经、纬纱屈曲较小，可以最大限度地发挥纱线的强力特性。

由于厚度方向上有增强纤维的存在，增加了复合材料层间剪切强度，减少了分层现象，并提高了抗冲击性能。三维正交机织物的理想结构如图 2-8 所示，经纱、纬纱和 Z 纱三个系统上的纱线都是两两垂直，各个系统纱线之间没有任何的缠结和卷曲，经向和纬向纱线在平面内成垂直排列。

（2）三维角联锁织物。指经纱通过整个厚度方向的角联锁结构，如图 2-9 所示，经纱只通过相邻两层的角联锁结构，此织物柔软性较好。

三维角联锁机织结构复合材料具有增强的抗分层、抗冲击、抗断裂、抗损伤和尺寸稳定性等优点，可以获得较高的厚度弹性和强度。

3. 三维织机的工作原理

无论在机器结构上，还是在工作原理上，三维织机与普通织机都有较大的区别。在三维织机上，要使用三组纱线，分别为经纱、纬纱、固结纱或缝经纱。三组纱线相互交织形成三维立体织物。

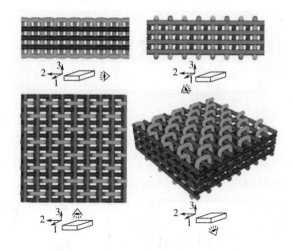

图2-8　三维正交机织物理想结构示意图

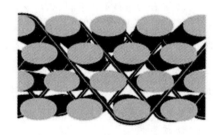

图2-9　三维角联锁织物

对于高性能的纤维来说，纱线在织造过程中由于与织机发生摩擦和磨损，使得织造过程中纱线的一些力学性能降低，势必影响三维正交机织物最终的力学性能，如拉伸性能、压缩性能和剪切性能等。因此，减少纤维在轴向的卷曲和在织造过程中的磨损破坏是提高三维织物力学性能的关键，织造原理如图 2-10 所示。

图 2-10 中，四层经纱相互平行伸直穿入织机后，形成了四层互相不接触且平行的经纱层，然后五根纬纱在剑杆的带动下沿着垂直于经纱的方向往复喂入，并穿过经纱层和上下两层 Z 纱所形成的空隙。Z 纱则与经纱和纬纱所在的空间里各成 90° 上下交织，形成的织物并不像二维织物一样会发生经纱的移动，而是相互平行运动，从而减少了经纱的磨损。三维织物是利用第三个方向纱线来缝编整个织物，这种制造过程难免发生纱线之间的穿刺，很容易产生经、纬纱线的断裂或者损伤。三维正交织机能够巧妙地利用两排综丝的上下运动，从而带动 Z 方向纱线上下交叉运动来绑定整个织物，最大程度地减少纱线的损伤和断裂。

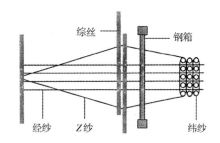

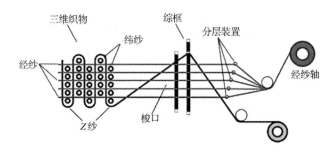

图2-10　三维正交机织物的织造原理图

4. 织造问题及解决方案

（1）碳纤维、玻璃纤维、芳纶的单丝细度细，一旦经纱断裂或起毛，便与邻纱纠缠，导致开口不清，影响载纬器的正常飞行。

目前，解决此问题的途径有两个。

①经纱上浆。浆料使纤维贴伏，不易摩擦起毛。对于较薄的织物，在复合前要退浆，将浆料除去；对于厚重织物，将浆料完全去除是不可能的，因此，要求浆料在复合时要易于与树脂亲和，对最终构件要有必要的增强作用。

②经纱加捻。经纱加捻后，纱体中的长丝不再平行排列，这会引起应力集中，同时也不能充分利用经纱的强力。

（2）织物层数的增加，就意味着综框数的增加，而过多的综框是引起开口不清的因素之一。

（3）织物层数过多，经纱密度必然很大，经纱之间、经纱与筘齿之间的摩擦会对经纱造成损伤。

（4）整经过程中，纱线与导路的摩擦会对纱线造成损伤。由于碳纤维等弹性极小、卷绕张力不易控制，纱线的每一次再卷绕，都会使纱线受损并造成卷绕张力不匀，因此，应尽量减少卷绕次数。一般认为，直接用筒子为织机输送经纱，省去整经工序，是较好的方法。

（5）碳纤维、玻璃纤维、芳纶等弹性变形小，张力不易调节，为了保证开口的清晰，可以将经纱与橡皮筋或弹簧相连，在外力作用下，经纱无论综平还是开口都始终保持伸直状态。

2.3.2 编织技术

三维编织是从二维编织发展起来的，但在机器的构造、编织的原理和织物的结构方面，二者有着很大的不同。

三维编织的最大特点是所织造的织物具有一定的厚度，厚度至少是参加编织的纱线或纤维束直径的三倍，而且是一个不分层的整体结构，即在厚度方向必然有编织纱线或纤维束通过并且交织。因此，由三维整体编织物增强的复合材料的性能，特别是厚度方向上的性能比二维编织物增强复合材料的性能具有明显的优越性。

两种主要的三维编织工艺和技术为四步法三维编织和二步法三维编织。

2.3.2.1 四步法三维编织

基本的四步法三维编织如图 2-11 所示，只有一个纱线系统，即编织纱系统。编织纱沿织物成型的方向排列，在编织过程中，每根编织纱按一定的规律同时运动，从而相互交织，形成一个不分层的三维整体结构。

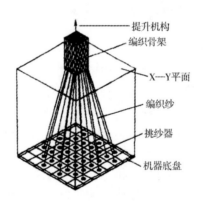

图2-11　基本的四步法三维编织

（1）定义。编织时，纱线在机器上的排列方式经过四个机器运动步骤之后又恢复到原来的排列方式，即四个机器运动步骤为一个循环，故称四步法三维编织。

基本的四步编织法是使每根纱线在织物中按不同的路径通过长、宽、厚三个方向，并且都不与织物成型方向平行，形成一个相互交织的三维四向结构。利用四步编织法可以织造出多种异型复合材料骨架，如圆管、锥套体、条带、I形梁、T形梁、L形梁、口形梁、盒形梁等。同时，沿织物成型的方向，在编织过程中加入另一组纱线系统，即轴纱系统，使最终的复合材料制件在此方向的力学性能得到提高。

（2）四步法三维编织机的分类。

①从编织骨架的形状分：方型编织机——编织截面为矩形组合的骨架；圆型编织机——编织截面为圆形的骨架。

②从编织纱线引入的方向分：立式编织机——编织纱线沿竖直方向配置；卧式编织机——编织纱线沿水平方向配置。

（3）编织工艺。

采用四步法三维编织得到的三维骨架，即厚度要超过三根编织纱的直径。而且要有编织纱通过厚度方向，因此，与二维编织是有区别的。编织过程如下。

①首先根据所编织骨架的横截面形状选择编织机。如果骨架的横截面是矩形或矩形的组合，则选择方型编织机；如果骨架的横截面是圆形或圆环，则应采用圆型编织机。

②根据所编织骨架的截面尺寸和形状，以及编织纱的粗细和骨架的结构参数，计算纱线根数并设计纱线的排列位置。

③按设计要求将纱线放置在底盘上，将纱线的一端和提升机构相连，调整纱线张力。

④开动机器，驱动编织纱携纱器在底盘上按设定的运动规律运动。由于编织纱的一端固定在提升机构上，所以，此端不会运动，而编织纱的另一端在运动，这样编织纱就相互编织在一起，制备织物。

⑤编织结束后，通过提升机构将编织物引离编织区。

编织纱在机器底盘上排列的基本形式及编织规律如下。一般来说，编织纱在机器底盘上排列的方式决定了最终骨架横截面的形状，例如，需要编织一个横截面为工字形的骨架，就应当在机器底盘上将编织纱排列成工字形状。方形编织和圆形编织的编织纱在底盘上排列的基本形式如下。

a. 方形编织：编织横截面为矩形骨架时，编织纱在机器底盘上按照行和列的方式排列成一个矩形，称为主体部分；主体部分外面，再间隔排列编织纱，即图中方框外面的纱线，称为边纱。边纱在排列时没有特定的规则，但要保证由主体纱和边纱所形成的每一行（或每一列）上的纱线根数要和另一行（或另一列）上的纱线相同。在编织过程中，由于纱线的运动，每根编织纱在某一时刻可能是主体纱，而在另一时刻则可能是边纱。

在方形编织中，基本的 1×1 组织要求携纱器在机器底盘上按列和行来运动。以编织一个截面为矩形的骨架为例，图 2-12（a）是携纱器在机器底盘上排列的初始状态。携纱器运动的第一步是按行运动，即有携纱器连续排列的行都运动，运动时相邻的行做相反方向运动，其目的是把现有的边纱推进主体纱中，而在列的另一端形成新的边纱。

第一步运动后，携纱器在机器底盘上的排列形式如图 2-12（b）所示。从图中可以看出，两边排有不连续携纱器的行没有参加运动。携纱器运动的第二步是按列运动，即有携纱器连续排列的列都运动，运动时相邻的列做相反方向的运动，其目的是把现有的边纱推进主体纱中，而在列的另一端形成新的边纱。

第二步运动后，携纱器在机器底盘上的排列形式如图 2-12（c）所示。从图中可以看出，两边排有不连续携纱器的列没有参加运动。携纱器运动的第三步是按行运动，即每一行携纱器按与此行第一步运动的相反方向运动。

第三步运动后，携纱器在机器底盘上的排列如图 2-12（d）所示。携纱器运动的第四步是按列运动，即每一列携纱器按和此列第二步运动的相反方向运动。

第四步运动后，携纱器在机器底盘上的排列形式如图 2-12（e）所示。携纱器经过四步运动后，它们在机器底盘上的排列形式又恢复到了初始状态。一般称携纱器的这四步运动为一个机器循环。由于携纱器的四步运动构成一个机器循环，所以，通常把这种编织方式称为四步法三维编织。

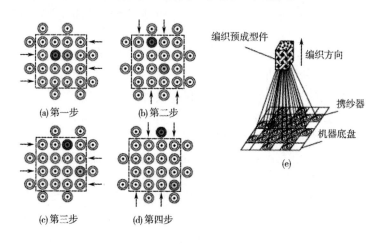

(a) 第一步　　(b) 第二步

(c) 第三步　　(d) 第四步

编织预成型件

编织方向

携纱器

机器底盘

(e)

图2-12　四步法示意图

携纱器每次运动一个携纱器的距离，所形成的织物为 1×1 组织结构。当这样的机器循环继续下去时，携纱器就会在整个机器底盘上运动，从而使纱线相互交织，形成具有一定宽度、厚度和长度的整体织物。

b. 圆形编织：圆形编织物编织成型是通过携纱器在机器底盘上按一定的规律运动，带动纤维束或纱线产生相互位移或错位，使纱线相互交织形成一个不分层的整体三维结构织物。

图 2-13 为编织一横截面为圆环状的骨架时，编织纱在机器底盘上的排列形式。所有编织纱均沿圆周和直径方向排列。图中最大与最小两个圆环之间的纱线称为主体部分。在主体部分中，编织纱按不同直径的圆周排列，这些圆周

都是同心圆。同时,处在不同圆周的纱线又按直径方向排列,而且要求每个圆周上的纱线根数相等。一般每一个圆周称为一层,圆周数或层数用 m 表示,每一层上的纱线数用 n 来表示,n 也可称为圆形编织的列数。在主体部分的外面和里面,沿着列的方向也即沿着直径的方向再间隔排上编织纱,这部分编织纱称为边纱。边纱的排列要保证由主体纱和边纱构成的每一列上的纱线根数应与其他列上的纱线根数相同。同时,边纱要间隔排列,因此,要求列数 n 应为偶数。

在基本的 1×1 组织圆形编织中,携纱器在底盘上沿半径方向和圆周方向运动。以编织圆管为例,如图 2-11 所示。图 2-13(a)是携纱器在机器底盘上排列的初始状态。携纱器运动的第一步是沿半径方向运动,相邻的列做相反方向的运动,目的是把现有的边纱推进主体纱中,而在列的另一端形成新的边纱。

第一步运动后,携纱器在机器底盘上的排列形式如图 2-13(b)所示。携纱器运动的第二步是沿圆周运动,即凡是具有携纱器连续排列的层都运动,运动时,相邻的层做方向相反的运动。要注意的是,在 1×1 组织结构中,携纱器只移动一个携纱器距离。

第二步运动后,携纱器在机器底盘上的排列形式如图 2-13(c)所示。携纱器运动的第三步和第四步分别是列和层的运动,它们的运动方向与携纱器的列和层在第一步及第二步中运动的方向相反,如图 2-13(d)和图 2-13(e)所示。

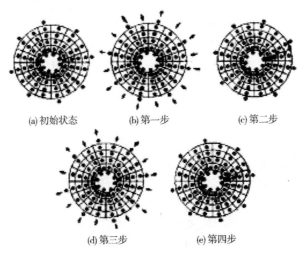

(a) 初始状态　　(b) 第一步　　(c) 第二步

(d) 第三步　　(e) 第四步

图2-13　圆环截面骨架的编织

携纱器经过这四步运动后,在机器底盘上的排列形式又恢复到初始状态。四步运动形成一个机器循环。当这样的机器循环不断进行下去时,携纱器就会在整个机器底盘上运动，从而使纱线相互交织，形成下一个具有一定厚度、一定直径、一定长度的圆管骨架。

2.3.2.2 二步法三维编织

二步法三维编织是一种比较新的编织技术，运动机构少，而且不需要打紧机构，能很容易地实现编织过程的自动化。此技术可以编织出各种复杂截面的异型或变截面的骨架，包括 T 形梁、带有预制孔的梁、交叉的骨架等。

（1）二步法编织的特点。由于轴纱在所有纱线中的比例很大，而且沿同一方向排列（即沿织物成型方向排列），在编织过程中，它保持不动和伸直状态，因此，由二步法三维编织骨架增强的复合材料，在这个方向上具有优良的性能。另外，在二步法三维编织中只有编织纱运动，而且编织纱在纱线中的比例较小，即运动纱线少，便于实现编织自动化。同时，根据需要，轴纱和编织纱可以采用不同的纤维。

与四步法不同，二步法（图 2-14）包括大量轴向固定的纱线和较少的编织纱线。轴向载体的布置决定了要编织的预制件形状。这一过程包括两个步骤，其中编织载体完全通过轴向载体之间的结构移动。这个相对简单的运动序列可以形成任何形状的预成型，包括圆形和空心。该运动还允许编织时被拉紧，且紧靠纱线张力，因此，二步法的过程不需要机械压紧，与四步法的过程不同。

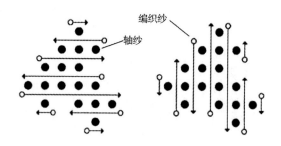

图2-14 二步法工艺示意图

（2）编织工艺。二步法三维编织纱线路径如图 2-15 所示。从表面上看，它和四步法很相似，所有的纱线都沿着织物成型的方向排列。但二步法编织有两个基本纱线系统，一个是轴纱，轴纱排列的方式决定了所编织骨架的横截面形状，构成了纱线的主体部分，轴纱在编织过程中是伸直和不动的；另一个是编织纱，编织纱位于轴纱所形成的主体纱的周围。在编织过程中，编织纱按一定的规律在轴纱之间运动，这样编织纱不但相互交织，而且把轴纱捆绑起来，从而形成不分层的三维整体结构。在编织过程中，纱线在机器上的排列形式经过两个机器运动步骤后又恢复到初始状态，即两个机器运动步骤为一循环，称作二步法三维编织。

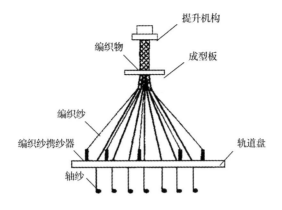

图2-15 二步法三维编织

二步法编织和四步法编织一样，它所形成的织物也是三维整体结构。同样可以编织出各种异型件，也可分为方形编织和圆形编织两种基本的编织方式。

a. 方形编织：图2-16为编织一横截面为矩形的骨架时，纱线在机器底盘上排列的方式。轴纱的排列为：相邻排上的轴纱交错排列，而且彼此相差一根纱线，最外边应是排有轴纱根数多的轴纱排。编织纱排列在轴纱所形成的主体纱的外面，并且是间隔排列。由行转到列时，编织纱也必须间隔排列。

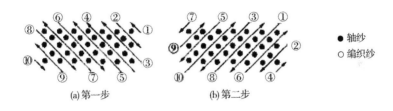

图2-16 二步法方形编织

如图2-16所示的编织一般命名为二步法 $m \times n$ 方型骨架编织，m 表示排有较多根轴纱的排数，n 表示在排有较多根轴纱的排中包含轴纱的根数。根据这个命名，图2-16所示的则为二步法 3×7 方形骨架编织。

b. 圆型编织：如图2-17所示为编织一横截面为圆环的骨架时，纱线在底盘上的排列形式。轴纱排列在不同直径的同心圆的圆周上，每一圆周称为一层，用 m 表示圆周数，一般 m 为奇数。各圆周上的纱线根数相等，但相邻圆周上的纱线交错排列。每一层上的轴纱数量用 n 表示，n 应为偶数。编织纱间隔排列在轴纱形成的圆环的内部和外部，同一半径上只能有一根编织纱。

二步法圆形编织仍以轴纱的排列形式命名，即 $m \times n$ 圆形编织，m 和 n 的定义如上所述。图2-17所示为二步法 3×24 圆形编织。

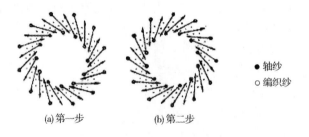

● 轴纱
○ 编织纱

(a)第一步　　　　(b)第二步

图2-17　二步法圆形编织

2.3.3　针织技术

以针织物为例，三维结构有助于织物的高扩展性和可成型性，允许生产复杂形状预制件。三维针织物的主要优点是：织物的高成型性，特别是由于其悬垂特性；产生的形状较复杂；由于现有技术的使用，不需专业适应；针织面料具有良好的冲击性能。

2.3.3.1　三维针织结构

（1）具有三维形状的二维针织结构，如全成型纬编织物。

（2）利用针织线圈将多层铺设的纤维束捆绑而形成的三维实心针织结构，如多轴向经编织物。

（3）利用线圈（间隔纱）将两块作为面板的二维针织物以一定的间距固定而成的三维空心针织结构，如间隔织物。

2.3.3.2　多轴向经编织物

在经编机上，玻璃纤维纱按顺序和设定角度依次铺放叠加，通过输送链条喂入缝编机构，经缝编线和织针共同成圈作用复合成织物，图2-18为多轴向经编织物结构示意图。

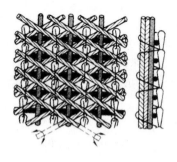

图2-18　多轴向经编织物结构

多轴向经编针织物是由多层伸直且平行排列的纱线层利用经编结构的组织绑缚在一起而形成的。图2-18中，织物纱线沿0°、90°，偏轴纱沿±45°

分层铺设，层与层之间不形成交织，由少量的经编线圈在厚度方向将纱线固定，使之形成一个整体结构。

（1）多轴向经编织物种类。

①单向织物（0°单向布、90°单向布，图2-19）：经向单向布，即0°方向为主要受力方向的单向布，也叫单经布；纬向单向布，在90°方向有少许衬纱，起到成型作用，通常衬纱质量不超过100 g。90°方向为主要受力方向的单向布，也叫单纬布、链子布。

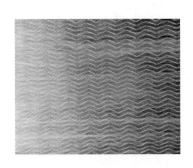

图2-19　单向织物

②双轴向织物［0°/90°双轴、±（30°~90°）双轴，图2-20］：0°/90°双轴布，即一层0°纱和一层90°纱组成的织物。大多数都要带200~450 g的短切纱。±45°双轴布，即一层+45°纱和一层-45°纱组成的织物。这种结构从几何学来说，为平行四边形，稳定性较差，通常要在0°和90°方向加织物密度为2根/10 cm（0.5根/英寸）的细纱作为筋骨纱，起稳定作用。也有±60°、±80°产品。

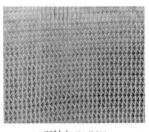 

(a) 双轴向 (0°/90°)　　　　　　(b) 双轴向 (±45°)

图2-20　双轴向织物

③三轴向织物［0°/±（30°~90°）三轴、90°/±（30°~90°）三轴，图2-21］：0°/45°/-45°三轴布，即在0°/45°/-45°方向各有一层纱的织物，0°纱只能在最上面；45°/90°/-45°三轴布，即在45°/90°/-45°方向各有一层纱

的织物，90° 纱一般在中间。

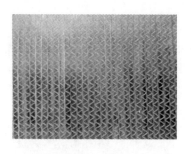

图2-21　三轴向织物（0°/90°/45°）

④四轴向织物［0°/±（30°~90°）/90°/±（30°~90°）四轴，图2-22］：四轴布即在0°/45°/90°/-45°方向各有一层纱的织物，0°在最上层。

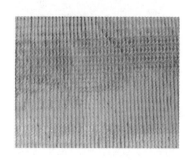

图2-22　四轴向织物（0°/90°/45°/-45°）

（2）多轴向经编织物结构特点。可以沿纵向、横向或斜向直接衬入平行纱线，这些纱线能够按照使用要求平行伸直地衬在所需要的方向上，不需要弯曲，从而避免了传统的机织物纱线结构呈弯曲状、纱线的性能得不到充分发挥的缺陷，使纱线的性能得到最大限度的发挥。这样的结构可以充分发挥每一根纱线在材料中的作用，充分利用纱线的性能，改善织物的拉伸、抗压、抗冲击等力学性能。

纱线呈平行排列，理论上内部应力为零，不会产生蠕变和松弛现象，当相同的纱线受到冲击时，其所承载的应力也比机织物大。与传统的机织物相比，多轴向经编织物具有下列优点：织物抗拉强力、弹性模量较高；织物悬垂性好，可设计性强；抗撕裂性能好；原料的适应性好；生产成本低，生产效率高，经济性高。

多轴向经编织物可以作为复合材料基布，经树脂浸渍固化后可得到所要求的复合材料。其复合材料强度和模量可提高50%以上。这类多轴向经编织物很好地解决了机织物由于屈曲效应导致的纤维性能不能充分发挥作用的问题，从而进一步地提高了复合材料的性能。

（3）多轴向经编织物的应用。利用高性能纤维制作多轴向衬线经编织物，作为骨架材料与树脂复合后，制成增强复合材料，可用于飞机、航天器、汽车、舰艇、装甲车等方面。

①风力发电机：如果风力发电机容量为 1000 kW，则需要有三支 40 m 长的叶片，这些叶片传统上采用玻璃纤维机织物做骨架。目前，多用多轴向经编织物制作。

②船体、汽车与火车的车身：一般采用玻璃纤维多轴向经编织物制作复合材料船体，有的渔船用玻璃纤维夹芯骨架经复合制成。船体轻，而且容易清洗。

③航空工业：多轴向碳纤维经编织物经层压复合后，可用作飞机的机翼，使其减轻了重量，提高了强度。织物复合的层数可达 20 层，层间采用特殊缝合工艺连接，使可靠性增加。

④舰艇：舰艇艇身由碳纤维多轴向经编织物复合后制成，由于使用的是碳纤维，艇体很轻，且不易被雷达发现。舰艇行业对碳纤维的需求量很大，制作一条 12 m 长的海岸用小艇，就需要约 500 kg 的碳纤维多轴向织物。

⑤防弹衣、头盔：在多轴向经编机上，可只采用 ±45° 双向衬线编织出骨架材料，该材料可制作防弹衣和头盔。

⑥模压构件：以玻璃纤维纱作衬纬，高强涤纶纱和金属丝作衬经，再用梳栉将纤细的高强涤纶纱把衬经衬纬束缚在一起，形成织物，通过模压成型与树脂复合，制成各种成型部件。该部件可制作运输车的雷达罩、船体、汽车侧壁等，由于织物中使用了金属丝，便于雷达的跟踪与监控。

⑦宇航天线：为了将技术资料传输回地球，在卫星上要安装大型发射天线。德国 MBB 公司利用经编织物作为天线的反射面，整个天线就像一把巨型折叠伞，可以收拢和展开。这种网状织物是由双梳栉经编机织造的，所用原料为极细的镀金铂丝（直径为 30~50 μm）。

⑧模压织物：由平面网孔经编织物模压而成的三向织物，在织物的上下两面覆盖复合材料板材后，可制成重量极轻的夹芯板材，在飞机、船舶方面有着广泛用途。

⑨网孔救援管道：为便于高层建筑的火灾救援，挪威一家公司在管道形状的拉舍尔网孔织物的基础上，研制成功了一种新型滑道装置，作为救援管道。

2.3.3.3 纬编三维复合材料骨架

纬编技术在三维复合材料骨架的制作方面，具有高度的灵活性。采用该技术，可以直接织出与复合材料构件形状相同的骨架，产品的整体性好，而且可以省去复杂的、有时会使构件强度降低的后处理工序。产品的结构合理，生产效率高，劳动强度低，特别适于制作民用商品。

纬编织物用作复合材料骨架时有三种基本结构，包括无衬纱的平针结构、含有衬纬纱的纬编结构及含有衬经衬纬纱的纬编结构。

（1）无衬纱的平针结构。由于织物中纱圈相互串套，在外力作用下，能沿各个方向扩展，因此，该织物不能用来制作高弹性模量的纺织复合材料，但其延伸性能可在高工作能量或能量变化较大的情况下发挥作用，例如，应用于防止突然断裂的复合材料中。

（2）有衬纬纱的纬编结构。采用高性能纱线编织时，由于纱线刚度大、弹性小，使得收针困难。编织时，要注意张力的控制，尽量防止纤维断裂。下机织物处理时，纱圈的扭转会给后步加工带来麻烦，如纬编平针织物在层合过程中，纱圈极易变形。在平针结构的基础上加入衬线，即可改善结构的稳定性。

（3）有衬经衬纬纱的纬编结构。在这种结构中，经纱和纬纱是完全伸直的，纱线的性能可被充分利用，在经向和纬向有极高的承载能力。在传统横机上稍加改造便可织造衬经衬纬织物。

2.3.4　缝编技术

标准的纺织工业缝纫设备能够缝制玻璃纤维织物和碳纤维织物的预成型件，有许多高性能纱线可用作缝纫线。芳纶纱线是最常用的缝合复合材料，因为它们在缝纫机上使用相对容易，而且比玻璃纤维纱和碳纤维纱更耐磨。

2.3.4.1　缝合过程

缝合过程涉及缝纫高抗拉线通过堆叠层，以产生一个纤维结构的三维预成型件。可以用传统（家用）缝纫机缝一薄层，虽然更常见的是使用工业级别的缝纫机，有长针能够穿透厚的预成型件。最大的缝合复合材料缝纫机是定制的，用于生产 15 m 长、近 3 m 宽、40 mm 厚的大面板。许多最新的机器都有多针缝纫头，由机器人控制，因此，缝纫过程是半自动的，以提高缝纫速度和生产率。

2.3.4.2　缝编技术特点

缝合复合材料与三维编织、缝编和针织复合材料相似，其纤维结构由面内 (x, y) 和厚度 (z) 方向的纱线组成。三维编织、缝编和针织材料的共同特点是，在制造过程中，平面纱和通经纱同时交织在一起，形成一个完整的三维结构预制体。缝合过程是独特的，因为缝合的预制件不是一个完整的纤维结构，第二步是针通过厚度方向插入一个二维预制件后层叠。

缝线既可以在干织物上预成型，也可以在未固化的预浸带上预成型。缝合大多数类型的织物是相对容易的，因为针尖可以推开干燥的纤维，穿透预制件。

缝编机构：经缝编线和织针共同成圈。关键成圈部件是槽针、针芯和导纱针，辅助成圈部件是沉降片。主轴每旋转一周，织针完成一个循环动作，形成一个线圈。

2.3.4.3　缝合技术

（1）单针缝合技术。缝合复合材料，比传统的叠层复合材料具有更好的损伤容限，受到国内外航空航天界的高度重视。

簇生缝合是由一根缝纫针将纱线植入工件而不存在角联锁的状态，用作对多层织物进行 Z 向增强。

（2）双针缝合技术。双针缝合是基于链式缝纫原理的单边缝纫，是由两个缝纫器具在工件的一个面上操作完成。

缝合纤维不仅能够将不同立体织物进行组合缝制装配，还可以在部件内部起到 Z 向增强的作用。

（3）多针缝合技术。多针缝合即多轴向缝编，由平直且平行的纱线组，以不同的角度叠层后被线圈束缚在一起形成的经编结构织物。结构稳定性好，纱线强度得到充分利用，各向同性性能好。缝编工艺设备是全自动控制的多轴向缝编设备，多个方向纤维同时连续铺放，编织效率高。用于航空主结构件的复合材料，在高性能船舶、体育用品、大型管道和汽车等行业都得到大量应用。

多轴向衬线经编织物具有结构稳定性好、纱线强度利用率高的优点，但衬线只限于四层，使制品厚度受到限制。缝编多轴向衬线织物，可铺放 6 层或 6 层以上的纱线，成品厚度可大大提高。图 2-23 为多轴向缝编织物的结构示意图。采用此种方式时，在缝编纱线将各层纱线缝合在一起的过程中，对纱线会有损伤。

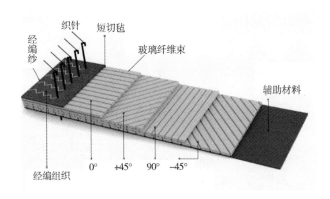

图2-23　多轴向缝编织物的结构示意图

与经编方式相比较，缝编方式具有操作简便、生产率高、所用纱管数量少的优点，具有广阔的发展前景，特别适用于加工玻璃纤维复合材料骨架。

缝编骨架的特点：采用多轴向缝编技术，可以根据最终产品的受力特性及强度要求，在单轴向、双轴向或多轴向采用最佳的纱层配置。在组织结构中，承载纱线不参与交织，基本上处于平直状态。骨架制作过程中，纱线承受的应力及磨损较小。与其他工艺制作的复合材料骨架相比，缝编骨架具有利于树脂浸透、复合过程顺利、成品性能稳定的特点。

（4）整体穿刺工艺技术。采用碳纤维叠层机织布与 Z 向钢针阵列整体穿刺，再由碳纤维逐一替代 Z 向钢针而形成的碳纤维穿刺织物。它具有多层织物缝合的结构，特点是厚度方向尺寸大，纤维体积含量高，整体性能好。

（5）封顶编织技术。封顶编织技术是为提高截端体织物的前缘性能，利用机织结构织物成型工艺，将织物小端的经向纤维连续编织，形成一端封闭的抛物面形状织物。

突破了立体织物不能采用连续纤维编织光滑球形面的技术难题。如用作导弹的天线罩、航天飞机鼻锥帽、机翼前缘等部件。

3 树脂基复合材料成型工艺

3.1 手糊成型工艺

3.1.1 概述

手糊成型工艺是指用手工或在机械辅助下将增强材料和热固性树脂铺覆在模具上，树脂固化形成复合材料的一种成型方法（图3-1）。

图3-1 手糊成型工艺

3.1.2 特点

（1）优点。不受尺寸、形状的限制；更适宜尺寸大、批量小、形状复杂产品的生产；设备简单、投资少；工艺简单；易于满足产品设计要求，可以在产品不同部位任意增补增强材料；产品树脂含量高，耐腐蚀性能好。

（2）缺点。生产效率低，劳动强度大，卫生条件差；产品质量不易控制，性能稳定性不高；产品力学性能较低。

3.1.3 原材料的选择

3.1.3.1 增强材料的选择

选用的原材料须满足三点要求：产品设计的性能要求；手糊成型工艺要求；价格便宜、材料容易取得。几种增强体的规格和用途见表3-1。

3.1.3.2 聚合物基体选择

目前，国内大部分手糊制品均用不饱和聚酯树脂，包括通用型、耐腐蚀型、阻燃型、低收缩型、耐候型聚酯树脂等，约占80%；其次是环氧树脂。

表 3-1　手糊用增强材料的规格和用途

名称	牌号	规格 /mm	用途
方格布	EWR200-90	180 ± 18	结构层增强
	EWR400-90	365 ± 37	结构层增强
	EWR500-100	485 ± 49	结构层增强
短切毡	MC300-104（208）	300	FRP 内衬过渡层，防渗层增强
	MC360-104（208）	360	FRP 内衬过渡层，防渗层增强
	MC450-104（280）	450	FRP 内衬过渡层，防渗层增强
	MC600-104（208）	600	FRP 内衬过渡层，防渗层增强
	MC900104（208）	900	FRP 内衬过渡层，防渗层增强
单方向	WF600	600	单方向补强用
	WF800	800	单方向补强用
单向布 / 毡复合织物	WF1000	600/400 布 / 毡	结构层增强
	WF1200	800/400 布 / 毡	结构层增强
表面毡	FW. 30M	30	表面富树脂层增强
	FW. 40M	40	表面富树脂层增强
	FW. 50M	50	表面富树脂层增强

不饱和聚酯树脂的固化原理：固化是通过引发剂引发聚酯分子中的双键，与可聚合的乙烯类单体（如苯乙烯）进行游离基共聚反应，使线型的聚酯分子交联成三维网状的体型大分子结构。

几种聚酯树脂的性能参数见表 3-2。

表 3-2　几种聚酯树脂的性能数据

项目	环氧树脂	聚酯树脂			乙烯基脂
	双酚 A 型	邻苯型	间苯型	双酚 A 型	双酚 A 型
黏度	200 ~ 600	300 ~ 400	500	450 ~ 550	400 ~ 700
密度 / (g·cm^{-3})	2.5 ~ 6	1.23	1.21	1.123	1.13

项目		环氧树脂	聚酯树脂			乙烯基脂
		双酚 A 型	邻苯型	间苯型	双酚 A 型	双酚 A 型
浇注体性能	巴氏硬度	50	29	32	25	35
	收缩率 /%	1 ~ 2	8.5	9.6	8.5	8.0
	热变形温度 /℃	110 ~ 150	70 ~ 90	90 ~ 110	90 ~ 120	100 ~ 150
	拉伸强度 /MPa	65.6	30	52	33	80
	弯曲强度 /MPa		10.4	95	10.5	150
	压缩强度 /MPa		179	150 ~ 180	1.35	150 ~ 260
	冲击韧度 / (J·cm^{-2})		3.0	2.1	2.3	7.5
	弯曲模量 /GPa		3.4	3.5	3.5	2.7
	延伸率 /%	1.5	1.8	1.2 ~ 3	1.5 ~ 3.2	6

3.1.4 手糊成型工艺过程

首先，在模具上涂刷含有固化剂的树脂混合物，再在其上铺贴一层按要求剪裁好的纤维织物，用刷子、压辊或刮刀压挤织物，使其均匀浸胶并排除气泡后，再涂刷树脂混合物和铺贴第二层纤维织物，反复上述过程直至达到所需厚度为止。然后，在一定压力作用下加热固化成型（热压成型）或者利用树脂体系固化时放出的热量固化成型（冷压成型）。最后，脱模得到复合材料制品。其工艺流程如图 3-2 所示。

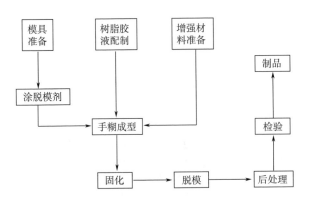

图3-2 手糊成型工艺流程图

手工铺料过程是劳动密集型的，零件质量强烈依赖工人技能。包括湿铺层、预浸料铺放、低温固化 / 真空袋预浸料三个铺料过程。

3.1.4.1 胶液准备

胶液的主要工艺指标是胶液黏度、凝胶时间。

（1）胶液黏度。胶液黏度表征流动特性，黏度控制在 0.2 ~ 0.8 Pa·s，一般用稀释剂调节。黏度过高，不易涂刷和浸透增强材料；黏度过低，在树脂凝胶前发生胶液流失，使制品出现缺陷。

（2）凝胶时间。指在一定温度条件下，树脂中加入定量的引发剂、促进剂或固化剂，从黏流态到失去流动性，变成软胶状态凝胶所需的时间。一般采用引发剂、促进剂用量调节。

影响凝胶时间的主要因素如下。

①引发剂、促进剂用量：引发剂、促进剂用量大，凝胶时间缩短；

②胶液体积的影响：胶液体积越大，热量不易散失，凝结快；

③环境温度、湿度的影响：气温越高，凝结越快，湿度越小，凝结越快；

④制品表面积影响：制品表面积大，凝结快。

3.1.4.2 增强材料准备

包括纤维表面处理（热处理或化学处理），使用前要进行烘干处理，按样板下料。

下料时应注意以下几点：布的方向性；拼缝应各层错开；对圆形制品，布的 45° 方向变形能力好，可沿此方向裁成布条糊制；注意经济实用。

3.1.4.3 胶衣糊准备

胶衣树脂种类很多，应根据使用条件进行选择；33 号胶衣树脂（间苯二甲酸型胶衣树脂），耐水性好；36PA 胶衣树脂，为自熄性胶衣树脂（不透明）；39 号胶衣树脂，为耐热自熄性胶衣树脂；21 号胶衣树脂（新戊二醇型），耐水煮、耐热、耐污染、柔韧、耐磨。

3.1.4.4 糊制

一般采用加了颜料的胶衣树脂制作，也可用普通树脂制作，需用玻璃纤维表面毡增强防裂作用。

操作方法：刷涂（需两遍垂直涂刷，一遍基本固化后再刷另一遍，开始凝胶时铺纤维毡）；喷涂。

3.1.4.5 固化

一般手糊制品 24 h 脱模（巴氏硬度为 15 ~ 30 HBa 时）；8 天后即可使用。聚酯玻璃钢的强度一般到 1 年后才能稳定。因此，许多制品在室温固化后，为加速其强度发挥，需进行后固化处理（放置 24 h 后进行）。

环氧玻璃钢后固化处理温度 <150 ℃；聚酯玻璃钢后固化处理温度为 50 ~ 80 ℃。

3.2 喷射成型工艺

3.2.1 概述

为改进手糊成型工艺而开发的一种半机械化成型工艺。如图 3-3 所示，将分别混有促进剂和引发剂的不饱和聚酯树脂从喷枪两侧喷出，同时，将玻璃纤维无捻粗纱用切割机切断并由喷枪中心喷出，与树脂一起均匀沉积到模具上。

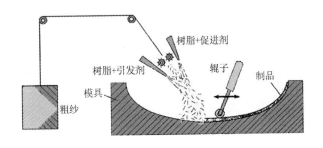

图3-3 喷射成型工艺图

当不饱和聚酯树脂与玻璃纤维无捻粗纱混合沉积到一定厚度时，用手辊滚压，使纤维浸透树脂、压实并除去气泡，最后固化成制品。

喷射成型（图 3-4）对所用原材料有一定要求，例如，树脂体系的黏度应适中，容易喷射雾化、脱除气泡和浸润纤维以及不带静电等。最常用的树脂是在室温或稍高温度下即可固化的不饱和聚酯等。喷射法使用的模具与手糊法类似，而生产效率可提高数倍，劳动强度降低，能够制作大尺寸制品。

用喷射成型方法虽然可以制成复杂形状的制品，但其厚度和纤维含量都较难精确控制，树脂含量一般在 60% 以上，孔隙率较高，制品强度较低，施工现场污染和浪费较大。利用喷射法可以制作大蓬车车身、船体、广告模型、舞台道具、储藏箱、建筑构件、机器外罩、容器、安全帽等。

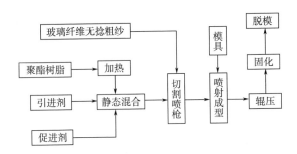

图3-4 喷射成型工艺流程图

3.2.2 喷射成型工艺控制

3.2.2.1 工艺参数

纤维含量为 28%～33%，长度为 25～50 mm；树脂含量在 60% 左右；胶液黏度 0.3～0.8 Pa·s，触变度为 1.5～4；喷射量胶为 8～60 g/s；喷枪夹角 20°，距模具 350～400 mm；喷射压力为 0.3～0.35 MPa。

3.2.2.2 工艺要点

环境温度为 25 ℃±5 ℃；压力要稳定；喷射工序标准化；树脂应加温、保温；纤维切割要准确；准确调节胶及纤维的喷射量；喷射前在模具上喷一层树脂；喷枪移动要均匀，不能漏喷；每一层喷完后应立即辊压，再喷第二层；调整好喷枪的角度和距离；特殊部位应用特殊方法处理。

3.2.3 喷射成型设备

3.2.3.1 玻璃纤维切割喷射器

纤维在旋转的切割辊与垫辊之间被切断并被喷射气流吹散，连续向外喷出。主要由切割辊、垫辊、牵引辊、气动电动机、气缸活塞、机壳等组成。

3.2.3.2 树脂胶液喷枪

分为四类：单嘴、双喷嘴、多喷嘴喷枪；气动控制、手动控制喷枪；气压雾化、液压雾化喷枪；内混合式、外混合式喷枪（树脂与引发剂）。

3.2.3.3 静态混合器

这是一种连续混合液流的新型装置，在混合物料的过程中静止不动。分为螺旋式静态混合器和流道式静态混合器。

3.3 模压成型工艺

模压成型工艺是一种古老的技术，早在 20 世纪初就出现了酚醛塑料模压成型。模压成型是一种对热固性树脂和热塑性树脂都适用的纤维复合材料成型方法。将一定量的模压料放入金属对模中，在一定温度、压力作用下固化成型的方法。

3.3.1 概述

将定量的模塑料或颗粒状树脂与短纤维的混合物放入敞开的金属对模中，闭模后加热使其熔化，并在压力作用下充满模腔，形成与模腔相同形状的模制品；再经加热使树脂进一步发生交联反应而固化，或者冷却使热塑性树脂硬化，脱模后得到复合材料制品。加热加压使模压料塑化、流动，充满空腔，并使树脂发生固化反应。成型工艺见图 3-5。

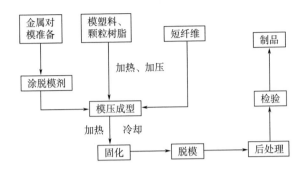

图3-5 模压成型工艺流程图

模压成型工艺已成为复合材料的重要成型方法，在各种成型工艺中所占比例仅次于手糊/喷射和连续成型，居第三位。近年来，随着专业化、自动化和生产效率的提高，制品成本不断降低，使用范围越来越广泛。模压制品主要用作结构件、连接件、防护件和电气绝缘等，广泛应用于工业、农业、交通运输、电气、化工、建筑、机械等领域。由于模压制品质量可靠，在兵器、飞机、导弹、卫星上也都得到应用。

3.3.2 特点

（1）优点。有较高的生产效率，适于大批量生产，制品尺寸精确，表面光洁，可以有两个精制表面，价格低廉，容易实现机械化和自动化，多数结构复杂的制品可一次成型，不需有损制品性能的辅助加工，制品外观及尺寸的重复性好。

（2）缺点。压模的设计与制造较复杂，初次投资较高，制品尺寸受设备限制，一般只适于制备中、小型玻璃钢制品。

3.3.3 模压成型工艺分类

模压成型工艺按增强材料物态和模压料品种分类。

（1）纤维料模压法。树脂预混或预浸纤维模压料，然后模压成型制品。（主要用于制备高强度异形制品或具有耐腐蚀、耐热等特殊性能的制品）

（2）织物模压。将预先织成所需形状的两向、三向或多向织物经树脂浸渍后进行模压。质量稳定，但成本高，适用于有特殊性能要求的制品。

（3）层压模压。将预先浸渍好树脂的玻璃纤维布或毡，剪成所需形状，经叠层放入模具进行模压。适于成型薄壁制品，或形状简单而有特殊要求的制品。

（4）SMC 模压。将 SMC 不饱和聚酯树脂、增稠剂、引发剂、交联剂、低收缩添加剂、填料、内脱模剂、着色剂等混合物浸渍短切玻璃纤维粗纱或玻纤毡，两表面加上保护膜（聚乙烯或聚丙烯薄膜）形成的片状模压成型材料。使用时除去薄膜，按尺寸裁剪，然后进行模压成形。片材经剪裁、铺层，然后进行模压。适合于大型制品的加工（例如，汽车外壳、浴缸等），此工艺方法先进，发展迅速。

（5）碎布料模压。将预浸胶布剪成碎块放入模具，压成制品。适用于形状简单、性能一般的玻璃钢制品。

（6）缠绕模压。将浸胶的玻璃纤维或布带缠绕在模型上，进行模压。适于有特殊要求的制品及管材。

（7）预成型坯模压。先将短切纤维制成制品形状的预成型坯，置入模具，加入树脂后进行模压。适于制造大型、高强、异型、深度较大、壁厚均一的制品。

（8）定向铺设模压。将单向预浸渍布或纤维定向铺设，进行模压。适于成型单向强度要求高的制品。

3.3.4　模压料

3.3.4.1　原料

（1）短纤维增强材料。应用最多的是玻璃纤维，纤维长度为 30～50 mm，含量为 50%～60%（质量分数）。

（2）树脂基体材料。应用最多的是酚醛树脂、环氧树脂。有良好的流动特性，在室温常压下处于固体或半固体状态（不粘手），在压制条件下具有一定的流动性，使模压料能均匀地充满压模模腔；适宜的固化速度，在固化时副产物少，体积收缩率小，工艺性好（如黏度易调，与各种溶剂互溶性好，易脱模等）；满足模压制品特定的性能要求。

（3）辅助材料。稀释剂、玻璃纤维表面处理剂、致黏剂、脱模剂及颜料等。改善模压料的工艺性，满足制品的特殊性能要求。

3.3.4.2　模压料的制备及质量控制

（1）短纤维模压料的制备。

①预混法：可采用手工预混法或机械预混法。

工艺流程：

树脂调配

玻璃纤维→热处理→切割→蓬松→混合→撕松→烘干→模压料

生产步骤：以镁酚醛为例加以说明。

玻璃纤维在 180 ℃下干燥处理 40～60 min；将烘干后的纤维切成长度为

30 ~ 50 mm 的段并使之疏松；按树脂配方配成胶液，用工业酒精调配胶液密度为 1.0 g/cm³ 左右。

　　按纤维：树脂 =55 ： 45（质量比）的比例将树脂溶液和短切纤维充分混合；捏合后的预混料，逐渐加入撕松机中撕松；撕松后的预混料均匀铺放在网格上晾置；预混料经自然晾置后，在 80 ℃烘房中烘 20 ~ 30 min，进一步驱除水分和挥发物；将烘干后的预混料装入塑料袋中封闭待用。

　　②预浸法：将短切玻璃纤维均匀撒在玻璃底布上，然后用玻璃面布覆盖，再使夹层通过浸胶、烘干、剪裁而制得。特点：短切纤维呈硬毡状，使用方便，纤维强度损失稍小，模压料中纤维的伸展性较好，适用于形状简单、厚度变化不大的薄壁大型模压制品。

　　③浸毡法：将玻璃纤维束通过浸胶、烘干、短切而制得。特点：纤维成束状比较紧密，在备料过程中，纤维强度损失较小，模压料的流动性及料束之间的互溶性稍差。

　　（2）短纤维模压料的质量控制。

　　指标：树脂含量、挥发物含量、不溶性树脂含量。几种典型模压料的质量指标见表 3-3。

表 3-3　几种典型模压料的质量指标

模压料类型		指标		
		树脂含量 /%	挥发物含量 /%	不溶性树脂含量 /%
机械法	镁酚醛 / 玻璃纤维	40 ~ 50	2 ~ 3.5	5 ~ 10
	氨酚醛 / 玻璃纤维	40 ± 4	2 ~ 4	<15
手工法	氨酚醛料	35 ± 5（玻璃）40 ± 4（高硅氧）	<4	3 ~ 20

3.3.4.3　影响模压料质量的因素

　　（1）树脂溶液黏度。降低胶液黏度有利于树脂对纤维的浸渍，并可减少捏合过程的纤维强度损失。黏度过低，在预混过程中会导致纤维离析，影响树脂对纤维的黏结。

　　（2）纤维长度。过长——结团、不利于捏合；过短——影响强度。

　　（3）浸渍时间。确保纤维均匀浸透前提下，尽可能缩短浸渍时间，因为时间长，纤维强度损失大，且溶剂挥发过多，增加撕松困难。

　　（4）烘干条件。烘干温度与时间是控制挥发物含量与不溶性树脂含量的主要因素。

　　（5）其他。捏合机结构型式、撕松机结构型式、转速等对质量控制也有影响。

3.3.5 层压成型工艺

层压成型工艺是把一定层数的浸胶布叠在一起，送入多层液压机，在一定的温度和压力下压制成板材的工艺。层压成型工艺属于干法压力成型范畴，是复合材料的一种主要成型工艺。层压成型工艺生产的制品包括各种绝缘材料板、人造木板、塑料贴面板、覆铜箔层压板等。

复合材料层压板的生产工艺流程如图3-6所示。

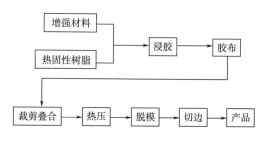

图3-6 复合材料层压板的生产工艺流程

该工艺的优点是制品表面光洁、质量较好且稳定、生产效率较高；缺点是只能生产板材，且产品的尺寸大小受设备的限制。

3.3.6 SMC 成型工艺

（1）片状模塑料（sheet molding compound，简称 SMC）特点。制品的重现性好，制造不易受操作者和外界条件的影响；加工制品操作处理方便，不粘手；作业环境清洁，大大改善了劳卫环境；片材质量均匀，适宜压制截面变化不大的大型薄壁制品；树脂和玻璃纤维可以流动，可成型带肋条和凸部的制品；成型的制品表面光洁度高；生产效率高、成型周期短、成本低。

（2）SMC 基本组成。SMC 是不饱和聚酯树脂、增稠剂、引发剂、交联剂、低收缩添加剂、填料、内脱模剂、着色剂等混合物浸渍短切玻璃纤维粗纱或玻璃纤维毡，两表面加上保护膜（聚乙烯或聚丙烯薄膜）形成的片状模压成型材料。使用时除去薄膜，按尺寸裁剪，然后进行模压成型。

（3）SMC 成型工艺中必须采用内脱模剂。内脱模机理：内脱模剂是一些熔点比模制温度稍低的化合物，常见的有硬脂酸、硬脂酸锌、硬脂酸钙、硬脂酸镁等。与液态树脂相溶，但与固化后的树脂不相容。制品加热成型时，脱模剂从内部逸出到模压料与模具接触的界面处，融化并形成障碍，阻止黏着，达到脱模的目的。

（4）增强材料。最常用的是短切玻璃纤维和毡，其次还有石棉纤维、麻和其他纤维。纤维长度：40～50 mm；含量：25%～35%；一般要求：易切割、分散、浸渍性好、强度高等。

SMC生产工艺如图3-7所示。

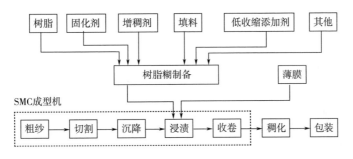

图3-7　SMC生产工艺流程

3.4 缠绕成型工艺

3.4.1 概述

将连续纤维或带浸渍树脂胶液后的纤维按照一定的规律缠绕到芯模上，然后在加热或常温下固化，制成一定形状制品的工艺称为缠绕成型工艺（图3-8）。

为改善工艺性能和避免损伤纤维，可预先在纤维表面涂覆一层半固化的基体树脂，或者直接使用预浸料。纤维缠绕方式和角度可以通过机械传动或计算机控制。缠绕达到要求厚度后，根据所选用的树脂类型，在室温或加热箱内固化、脱模，便得到复合材料制品。

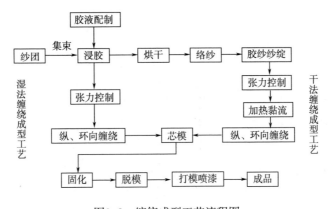

图3-8　缠绕成型工艺流程图

3.4.2 分类

3.4.2.1 干法缠绕

将预浸纱带（或预浸布），在缠绕机上经加热至黏流状态并缠绕到芯模上的成型工艺过程。

干法缠绕特点：制品质量稳定（含胶量、尺寸等）；缠绕速度快（100～200 m/min）；劳动卫生条件好；预浸设备投资大。

3.4.2.2 湿法缠绕

将无捻粗纱经浸胶后直接缠绕到芯模上的成型工艺过程。

湿法缠绕特点：不需要预浸渍设备，设备投资少；便于选材；纱片质量及张力需严格控制，固化时易产生气泡。

3.4.2.3 半干法缠绕

将无捻粗纱浸胶后，随即预烘干，然后缠绕到芯模上的成型工艺过程。

3.4.3 特点

3.4.3.1 连续纤维缠绕技术的优点

（1）纤维按预定要求排列的规整度和精度高，通过改变纤维排布方式、数量，实现等强度设计。因此，能在较大程度上发挥增强纤维抗张性能优异的特点。

（2）用连续纤维缠绕技术所制得的成品，结构合理，比强度和比模量高，质量比较稳定，生产效率较高等。

3.4.3.2 连续纤维缠绕技术的缺点

设备投资费用大，只有大批量生产时才可能降低成本。

3.4.4 原材料

主要有纤维增强材料与树脂两大类。

（1）增强材料。主要是中碱、无碱粗纱。另外有玻璃布带、碳纤维等。应根据不同产品对性能的要求进行选用。

（2）树脂体系。包括树脂及各种助剂、填料等。常用的有不饱和聚酯树脂、环氧树脂（双酚 A 形）、酚醛—环氧树脂（环氧改性酚醛树脂）。

3.4.5 应用范围及发展

（1）军工方面。航空、航天、导弹（发动机壳体、高压容器等）。

（2）民用方面。化工、石油、环保、建筑等领域的管道、储罐等。

（3）发展方向。高性能材料和功能材料，主要用于高科技领域；军工使用转向民用；提高自动控制水平，提高生产效率；降低生产成本。

3.5 拉挤成型工艺

3.5.1 概述

拉挤成型工艺（图 3-9、图 3-10）是将浸渍了树脂胶液的连续纤维，通过成型模具在模腔内加热固化成型，在牵引机拉力作用下连续拉拔出型材制品。

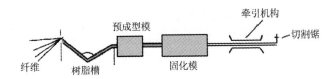

图3-9　拉挤成型工艺示意图

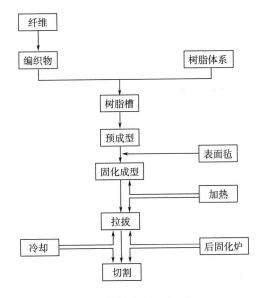

图3-10　拉挤成型工艺流程图

一般情况下，只将预制品在成型模中加热到预固化的程度，最后固化是在加热箱中完成的。

各种纤维经过编织形成特定结构的编织物，在特定的位置经过盛有树脂的树脂槽。树脂体系中含有树脂、填料、抗紫外线添加剂、催化剂和其他能赋予复合材料特定性能的填料。在树脂槽内，编织物被树脂浸透。

在成型口模前端通常有一个预成型装置，在编织物进入口模前使未固化的复合材料预先形成一定的尺寸。这样，可防止固化过程中材料在模具内的滑动。模具的加热方式有电加热、油浴加热、红外线加热等。有的拉挤机设备上还配有后固化炉。在制品冷却完成后，进入拔出机。拔出机的形式有两种：一种是拔出机抓住制品并随制品一起运动一定长度后放开，自动返回到初始位置；另一种拔出机是不运动的，但能够连续驱动制品。

3.5.2　特点

生产效率高，易于实现自动化；制品中增强材料的含量一般为40%～80%，能够充分发挥增强材料的作用，制品性能稳定可靠；不需要或仅需要少量加工，生产过程中树脂损耗少；制品的纵向和横向强度可任意调整，以适应不同制品的使用要求，其长度可根据需要定长切割。

3.5.3　原材料

拉挤工艺中的原材料主要由增强材料和基体材料构成，其中，增强材料包括连续纤维纱毡、织物等；基体材料是将增强材料黏结固定在一起，保证增强材料的结构力学性能的实现，包括不饱和聚酯树脂、乙烯基树脂、环氧树脂、酚醛树脂、热塑性树脂等；还有一些辅助材料提供特殊性能，如阻燃、低收缩。

3.5.4　主要应用领域

（1）耐腐蚀领域。主要用于上下水装置，工业废水处理设备，化工挡板及化工、石油、造纸和冶金等工厂内的栏杆、楼梯、平台扶手等。

（2）电工领域。主要用于高压电缆保护管、电缆架、绝缘梯、绝缘杆、灯柱、变压器和电动机的零部件等。

（3）建筑领域。主要用于门窗结构用型材、桁架、桥梁、栏杆、支架、天花板吊架等。

（4）运输领域。主要用于卡车构架、冷藏车厢、汽车笼板、刹车片、行李架、保险杆、船舶甲板、电气火车轨道护板等。

（5）运动娱乐领域。主要用于钓鱼竿、弓箭竿、滑雪板、撑竿跳杆、曲辊球辊、活动游泳池底板等。

目前，随着科学技术的不断发展，正向着提高生产速度、热塑性和热固性树脂同时使用的复合结构材料的方向发展。生产大型制品，改进产品外观质量和提高产品的横向强度都将是拉挤成型工艺今后的发展方向。

3.6 液体模塑成型工艺

目前，应用较为广泛的液体模塑成型工艺，是将液态聚合物基体注入铺有增强纤维预成型体的闭合模腔中，或将预先放入模腔内的树脂膜加热熔化，使液态集合物在流动充模的同时完成对纤维的渗透、浸润并固化成型的一项复合材料制备技术，称为复合材料液体模塑成型工艺（liquid comosites molding，LCM）。最常见的 LCM 工艺包括树脂传递模塑（resin transfer molding，RTM）、真空辅助树脂传递模塑（vacuum assisted resin translation molding，VARTM）、树脂膜渗透工艺（resin film infusion，RFI）、西曼树脂浸渍模塑工艺（seeman's composite resin injection molding process，SCRIMP）。

3.6.1 树脂传递模塑

RTM（图 3-11）是一种采用对模方法制造聚合物基体材料制品的工艺。反应性的热固性液态树脂在较低压力下注入含有干纤维预成型体的模腔中，树脂将模腔中的空气排出，同时浸润纤维。树脂在排气口出现时，即模腔充满后，注射过程结束，树脂开始固化，树脂固化达到一定强度后开模，取出样品。

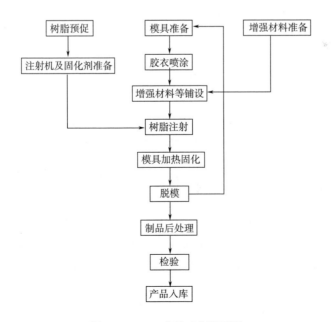

图3-11 RTM成型工艺流程图

3.6.1.1　工艺特点

模具制造和材料选择灵活性强，制品产量在 1000～20000 件时，采用 RTM 工艺可获得最佳生产经济效益；能制造具有良好表面质量、高尺寸精度的复杂构件，在大型构件的制造方面优势更明显；模塑的构件易实现局部增强、夹芯结构；可以设计增强材料的类型、铺层结构；纤维含量最高达 60%；闭模操作工艺，工作环境清洁，成型过程苯乙烯排放量少，有利于环保；低压注射，可采用玻璃钢模具（包括环氧模具、玻璃钢表面铸镍模具）、铝模具，模具设计自由度高，模具成本低。

3.6.1.2　材料选取原则

RTM 工艺用的原材料有树脂体系、增强材料和填料。

（1）树脂体系。黏度较低（0.1～0.5 Pa·s），浸润性好，顺利、均匀通过模腔，浸润纤维；固化放热低（80～150 ℃），防止损坏玻璃钢模具；固化收缩率小，产品变形小；固化时间短，一般凝胶时间为 5～30 min，固化时间不超过 60 min；固化时没有低分子物析出，气泡能自动消除。如不饱和聚酯、乙烯基酯树脂、环氧树脂、双马树脂、酚醛树脂和丙烯酸酯树脂。

（2）增强材料。一般 RTM 工艺增强材料主要用玻璃纤维制品及有机纤维制品；纤维含量达到 25%～60%。

要求：铺覆性好，容易制成与制品相同的形状；质量均匀；容积压缩系数大；耐冲刷性好，在树脂注入过程中能保持铺覆原位；对树脂的阻力较小，易被树脂浸透；机械强度高；铺覆时间短，效率高。

（3）填料。根据产品不同性能进行选择，有氢氧化铝、碳酸钙等。

3.6.1.3　RTM 模具

除传统的金属机加工模具以外，生产中大量使用的是玻璃钢模具，包括聚酯模具、环氧模具、电铸镍模具以及铝铸造模具等。

3.6.1.4　RTM 主要工艺设备

（1）预成型设备。预成型机。

（2）树脂注射设备。加热恒温系统、混合搅拌器、计量泵以及各种自动化仪表。

（3）开合模和加压设备。开合模简易的办法是用电动机起吊，锁模采用螺杆或连杆机构。

（4）真空系统和加热系统。真空辅助法可以有效解决 RTM 生产工艺中难以解决的制品中的残留气泡。真空辅助是在灌注树脂的同时，在模具的排胶孔接真空泵抽真空，不仅增加树脂传递过程的压力，也可排除树脂中的气泡和水分。同时，大大改善纤维内的浸润性，提高注射速度。

（5）集成制造技术。在生产线上采用一上模、两下模将工作时间和辅助时间重叠的生产方式，比单模节约了 1/3 时间。

3.6.2 真空辅助树脂传递模塑

VARTM 是复合材料成型工艺中较为先进的工艺之一，又称为真空辅助树脂转移模塑或者真空灌注工艺，是通过负压装置将成型模具中的空气抽出，排除纤维增强体中的空气，并通过对其装置进行保压测试来确定其是否处于真空状态，然后按照 100 : 30 进行树脂固化剂调配，再利用树脂渗透、流动完成纤维浸渍，并按照标准温度 80 ℃加热 8 h 后完成固化，实现复合材料成型工艺。工艺流程如图 3-12 所示。

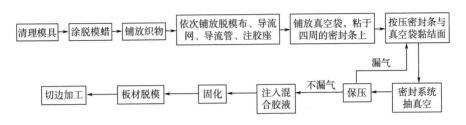

图3-12 VARTM成型工艺示意图

3.6.2.1 工艺特点

与 RTM 相比，最明显的不同点是两者使用的模具不同，RTM 工艺使用双面硬质模具，VARTM 工艺使用单面光滑硬质模具，因为模具的简化，使 VARTM 成型在制造大型的或形状复杂的复合材料结构件方面具备很大的优势。另外，VARTM 工艺需要真空为实验装置提供动力，减小了模腔的内部压力，使纤维和树脂的结合界面更紧密，树脂浸润增强体的能力提高，孔隙率减小，纤维和树脂的体积分数提高，力学性能也随之得到提高。

主要通过真空泵抽出模具及材料整体装置中的空气，利用大气压力将树脂与固化剂混合物注入装置。

增强纤维在铺放于模具之前需要在模具上涂抹脱模剂（防止树脂固化于模具上），因此，合成最终复合材料为单面光滑。

为了加快树脂固化，需要对模具进行加热，可以在模具上安装电阻丝并通过传感器时时监控模具温度，了解树脂固化温度，确保保持在标准温度。

整个成型过程主要通过手动完成，自动化程度较低，所需周期较长；成型过程所需条件容易满足，成型过程简单，此种成型过程降低了成型成本，原理如图 3-13 所示。

3.6.2.2 复合材料成型步骤

（1）模具准备。成型实验进行之前，首先要对模具表面均匀涂抹脱模剂，主要目的是在树脂与模具间添加易于剥离的稳定物质，保证树脂与增强体固化成型后，能够快速、简便地取出完整产品，由于试验中脱模剂为蜡质，应避免模具工作表面残留过多脱模剂而影响板材试样平整。

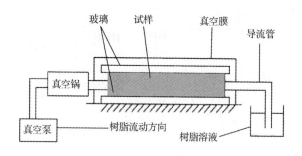

图3-13　VARTM原理图

（2）材料铺放。将织物裁剪成适当的尺寸，按照所需尺寸对成型辅助材料进行裁剪，并在模具表面按从下到上的顺序依次铺放增强体材料、脱模布（便于板材上表面与辅助材料分离）、导流网（加快树脂在织物表面流动，利于浸润纤维），去除布边多余纤维束及杂物，铺放导流管、注胶座，工艺材料铺放如图3-14所示。

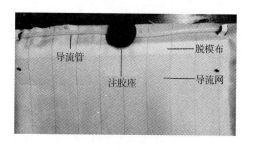

图3-14　工艺材料铺放

（3）密封及保压测试。真空成型系统内材料铺放完成后，导流网上面铺放真空袋（密封真空系统，并对板材加压），并采用黏性密封胶条对整个系统进行密封，由于后期系统内具有较大真空负压，四条边线进行密封时应分别对胶条进行对折打结处理，避免真空袋过紧破裂。密封过程中应保证胶条与模具粘贴牢固，杜绝漏气现象，否则将导致板材试样内孔隙率过高影响最终质量或试验失败。密封完成后在两边注胶座的位置放置真空管和树脂管，随后采用真空泵进行抽真空处理，真空压力为 –0.095 MPa，当其保持稳定时进行保压测试，15 min 内压力不变或不高于 –0.095 MPa，则说明系统密封良好，否则需查找漏气部位再次进行密封处理，直至满足保压条件。图 3-15 为成型系统抽真空及保压测试。

（4）树脂灌注。将环氧树脂与固化剂按 100∶30 的质量比进行混合，搅拌均匀待用，并进行预抽真空处理，去除混合液内多余的气泡，降低板材孔隙

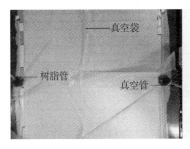

图3-15 成型系统抽真空及保压测试

率。随后进行基体灌注，真空系统内树脂流动如图 3-16 所示，当增强体被完全浸润后，密封树脂管和真空管，80 ℃加热 8 h 后板材试样固化。

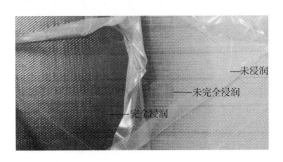

图3-16 树脂流动示意图

（5）板材脱模。织物固化完全后，进行脱模处理，获得板材试样。

3.6.2.3 温度对复合材料成型的影响

研究表明，固化温度对复合材料的力学性能有一定影响。分别研究固化温度为 70 ℃、80 ℃、90 ℃和 100 ℃时复合材料的力学性能，结果发现，当温度为 80 ℃时，复合材料的载荷、应力以及断裂挠度均为最大，即力学性能最好。当温度减小时，复合材料就会存在气泡和空隙，纤维的体积分数减小，影响成型质量，从而影响力学性能。温度升高时会影响树脂的性能，树脂软化，呈现塑性特性，力学性能也会下降，所以，80 ℃是比较适宜的固化温度。

3.6.3 树脂膜渗透工艺

RFI 是一种新型的复合材料成型工艺，具有成本低的优点，适合较大型成型件的制作。树脂膜溶渗成型工艺是在完全真空状态下进行的，首先利用真空泵对增强材料抽真空，排除存在于增强材料中的气体，利用树脂在增强体间很好的渗透性和流动性，浸透增强材料，并利用真空泵排除存在于基体中的气体，按照一定的形状成型并在室温固化，形成具有特定形状和一定纤维含量的复合材料。

RFI 成型工艺流程图如图 3-17 所示。

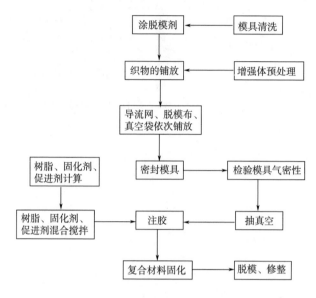

图3-17　RFI成型工艺流程图

3.6.3.1　试验的准备阶段

由于环氧树脂本身是一种热塑性线型结构，它并不能直接使用，需要加入固化剂进行胶液的配制，在一定的环境下发生固化反应，生成网状高聚物。真空辅助成型工艺中，基体与纤维的质量比为 30 ：70。根据所要制作的板材中的织物质量以及树脂和固化剂的质量配比，计算出树脂和固化剂的质量，分别盛到干净的容器中。由于真空辅助成型工艺要求树脂黏度处于 0.1 ~ 0.3 Pa·s，因此，灌注前要将树脂放入电热恒温鼓风干燥箱中，35 ℃下加热 2 h，以降低树脂黏度，便于渗透增强体。

然后对实验台进行清理，确保实验台平整无杂质。用酒精擦拭模具，待酒精干后开始涂脱模剂，初次使用的模具要每隔 0.5 h 涂 1 次，共进行 9 次。按照要求铺放裁剪好的织物，并去除织物表面的纤维丝束，避免织物表面出现污物。

3.6.3.2　灌注系统和真空系统布设

织物铺设完毕后，在近胶处织物一侧偏离 50 mm，在出胶处距离织物一侧偏离 100 mm，沿织物形状方向用酒精擦拭，有利于密封胶条的黏结；然后铺脱模布、导流网、加导流管，在导流网上铺设注胶口和真空管路；最后铺放真空袋，真空袋的大小要比织物大，密封时要从一端开始密封，以免出现漏气。

3.6.3.3 抽真空、检查气密性

打开真空泵，抽真空至最大值，然后关闭真空泵，过 10 min 后检查是否维持在原来的气压（确保真空度下降小于 0.03 MPa）。如果抽真空过程中出现松弛，要尽快找出漏气的地方，黏结好后再次进行保压，直到没有漏气现象发生。

3.6.3.4 树脂准备、注胶

取出恒温箱中的环氧树脂及固化剂，将固化剂沿着玻璃棒缓慢倒入盛有环氧树脂的容器中，缓慢搅拌，避免气泡的产生。搅拌均匀后静置 10 min，等待树脂中的气泡消失，开始注射。注射时注射管不能离开树脂表面，注胶大约需要 30 min，期间树脂能完全浸透纤维布。继续开启真空泵 0.5 h 后，关闭真空泵，随时观察板材表面的变化，直至手触压无凹陷产生。抽真空时间不宜过长，否则会影响复合材料中的纤维体积含量，降低树脂胶液与多轴向布的复合效果。

3.6.3.5 后固化

注胶后的板材放置到干燥箱中，设定树脂后固化温度为 80 ℃，固化时间为 24 h，记录后固化开始时间。达到规定时间，关闭干燥箱，自然冷却至室温，取出板材。

3.6.3.6 开模、制作试样

打开真空膜，取出复合材料，检查浸润性、气泡性，去除边界（> 2 cm），并按照规定沿复合板材的经向、纬向、斜向进行切割试样，用于测试复合材料的力学性能。

3.6.4 西曼树脂浸渍模塑

SCRIMP 成型技术是由美国西曼复合材料公司在美国获得专利权的真空树脂注入技术，其工艺原理是：在真空状态下排除纤维增强体中的气体，通过树脂的流动、渗透，实现对纤维的浸渍。SCRIMP 工艺的成型模具要用真空袋密封后，真空吸注胶液。事先将一层或几层纤维织物铺放在模具上，再放好各种辅助材料后用真空袋密封。高渗透介质 SCRIMP 结构如图 3-18 所示。

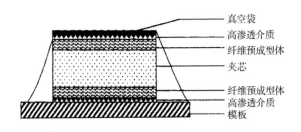

图3-18　高渗透介质SCRIMP结构

与传统的 RTM 工艺相比，它只需一半模具和一个弹性真空袋，这样可以节省一半的模具成本，成型设备简单；由于真空袋的作用，在纤维周围形成真空，可提高树脂的浸湿速度和浸透程度；与 RTM 工艺相反，它只需在大气压下浸渍、固化；真空压力与大气压之差为树脂注入提供推动力，从而缩短成型时间；浸渍主要通过厚度方向的流动来实现，所以，可以浸渍厚而复杂的层合结构，甚至含有芯子、嵌件、加筋件和紧固件的结构也可一次注入成型。与 VARTM 相比，发展了再利用袋，减少费用，而且使用的整体加热系统将减少固化炉的使用。

SCRIMP 工艺适用于中、大型复合材料构建，施工安全、成本降低，此方法已逐渐被各厂家采用。虽然 SCRIMP 有以上优点，但脱模后构件表面不光滑，需要对表面做粉光的处理，耗时耗力。目前，对造成此问题的原因尚不清楚，也无有效的解决方案。SCRIMP 工艺的确可增加制品的纤维含有率，然而树脂含量减少会造成层压板的厚度减小，在压缩、弯曲强度、疲劳特性及抗击强度等方面是否有负面影响，也是未来需进一步探讨的问题。

4　复合材料界面改性

复合材料的力学性能数据是工程上进行选材和结构设计的重要依据。根据所选用增强材料，纤维状态、基体材料、工艺方法不同的复合材料力学性能存在很大差别，一般认为在树脂基复合材料中，纤维起主要承载作用，树脂基起黏接、支撑和传递载荷作用。材料的力学性能主要取决于增强材料种类和增强形式（连续、织物、短纤维），界面性能、耐热性能取决于树脂基体。采用同一种纤维增强的材料，由于纤维增强形式和纤维含量的不同，其力学性能相差几倍甚至几十倍。

复合材料与常规的金属材料相比具有优良的力学性能，不同的纤维和基体材料组成的复合材料性能相差很大。力学性能比较时常常采用比强度和比模量值，表示在重量相当情形下材料的承载能力和刚度，其值越大，则性能越好。但是，这两个值是根据材料受单向拉伸时的强度和伸长确定的，实际上，结构受载条件和破坏方式是多种多样的，这时的力学性能不能完全用比强度和比模量值来衡量。

纺织复合材料是现代纺织技术与复合材料技术结合的产物，是以纺织材料（纤维、纱线、织物等）为增强体，树脂及固化剂混合胶液为基体所成型的新材料。但由于该材料是由增强体与基体两种不同的物质结合而成，研究发现，这两种物质易存在不相容性，因此，增强体与基体界面结合强度已成为复合材料改性研究的热点。

大量的实验研究表明，纤维/基体界面结合强度低是复合材料的主要失效形式之一。通过改性增强体织物或者基体树脂，以提高纤维与基体之间的结合力。本章阐述复合材料界面改性（等离子体改性、硅烷偶联剂改性和纳米黏土改性）及改性对复合材料力学性能的影响。

4.1　改性前处理

玻璃纤维生产中，表面涂覆了一定量的浸润剂，以起到保护纤维的作用。但纤维经浸润剂处理后表面光滑，与基体结合力较差，同时，也影响了硅烷偶联剂改性处理中纤维表面基团与偶联剂的反应。为了降低浸润剂对织物改性效果的影响，对织物进行改性前处理，去除纤维表面的浸润剂。目前，主要的前处理方法有三种：热处理、溶剂浸泡处理和酸碱刻蚀处理。

4.1.1　热处理

表面热处理是将纤维在高温下处理一定时间，从而去除纤维表面原有的浸润剂，同时去除纤维表面吸附的水分。

织物经不同温度、不同时间表面热处理后，表面颜色会发生变化（图4-1），其表面浸润剂也会有所不同。从表面颜色及触摸手感两方面分析，大致分为以下过程：一是在低温下热处理后的织物的表面颜色及手感硬度与原样相同；二是随着温度逐渐升高，织物表面的颜色由亮白色逐渐变为焦黄色，表明纤维表面的浸润剂逐渐被去除；三是当热处理温度为250 ℃时，织物表面大部分纤维呈现微黄色，少部分纤维呈焦黄色（已用方框在图中圈出），这是由于纤维在生产过程中，其表面浸润剂涂覆不均匀，在相同的热处理条件下，纤维表面浸润剂的去除量不同所致；四是织物经200～300 ℃表面热处理60 min 后，随着热处理温度的升高，纤维逐渐变脆，这是因为随着温度升高，纤维表面浸润剂去除量逐渐增大，纤维本体逐渐裸露，玻璃纤维的本质脆性也逐渐显现。同时，随着表面热处理温度升高，纤维之间发生粘连，导致纤维束逐渐变得紧密，织物逐渐变硬。

图4-1　表面热处理后织物的颜色变化

查阅文献并结合实验结果分析可知，纤维断裂强度升高的原因包括两个方面：一方面，由于在特定温度和时间下，部分纤维表面的浸润剂再次浸润纤维表面，弥补了其表面的一些缺陷；另一方面，由于在某些温度和时间下，浸润剂去除过程中，纤维与纤维之间易发生粘连，纤维束形成一个紧密的整体，拉伸性能增强，从而使得纤维断裂强度增大。

4.1.2　溶剂浸泡处理

利用某些溶剂能够溶解有机浸润剂的特性，采用丙酮等溶剂对玻璃纤维表面进行处理也是去除表面浸润层的方法之一。工业用玻璃纤维大多用环氧型浸润剂，其成分主要为环氧树脂，环氧树脂固化后化学性能稳定，对一般有机溶剂具有耐腐蚀性，难溶于丙酮。丙酮处理后的纤维分散棉线，集束性降低，说明丙酮只能除去保持纤维集束性的成分，由于受浸润剂成分的影响，丙酮不能完全有效地去除浸润剂，浸润剂去除不彻底使玻璃纤维具有较高的强度保留率。

用丙酮溶剂浸渍法和超声处理法去除纤维表面上浆剂，首先，裁剪合适大小的织物，在超声清洗仪中加入丙酮溶剂处理，最后在电热鼓风干燥箱中烘干。

虽然热处理能去除较多的浸润剂，但是纤维残余断裂强度较低；酸碱刻蚀复杂，且残余溶液不易处理；与丙酮溶液处理相比，虽然润湿剂的组分不能完全去除，但其纤维残余强度较高，残余溶液易处理。

4.1.3 酸碱刻蚀处理

酸碱刻蚀处理是通过酸碱与纤维表面发生化学反应，去除纤维表面的浸润剂，同时在纤维表面形成凹陷或微孔，在复合材料成型过程中，基体进入由酸碱在纤维表面所刻蚀的空穴，此空穴起到类似于锚固的作用，增加增强体与基体的结合力。用碱溶液处理时，碱与 SiO_2 反应生成可溶性的硅酸盐，但是，由于碱溶液会对玻璃纤维造成腐蚀，且腐蚀程度不易控制，从而使玻璃纤维力学性能明显下降；用酸溶液处理时，酸与玻璃纤维表面碱金属氧化物（例如，MgO、CaO、Al_2O_3 等）反应生成可溶性的碱金属盐，并在纤维表面产生羟基，形成大量 Si—OH 键，Si—OH 基团增加了纤维表面的反应活性，在适当条件下能与高聚物官能团发生化学反应形成化学键来改善基体与增强体的界面结合。

该方法要精确控制工艺流程，包括酸碱种类、浓度、处理时间、处理温度，否则，不合理的刻蚀会严重影响纤维的力学性能以致达不到良好的增强效果。

4.2 等离子体改性织物

等离子体是大量正负带电粒子（其电荷数近似相等）的物质聚集态，而等离子体法是利用非聚合性气体对材料表面进行物理或化学处理使玻璃纤维表面产生轻微的刻蚀效果，从而使玻璃纤维表面粗糙度得到改善，使纤维与树脂之间的有效接触面积增加，同时也能改变纤维表面某些官能团，使纤维表面与树脂间的浸润性提高。

4.2.1 等离子体处理

介质阻挡放电（dielectric barrier discharge，DBD）可以在高气压环境中获

得低温等离子体，作为一种高效率的处理方法，具有产生的电子能量高、反应速度快、操作简单、成本低、不易受外界因素影响、便于连续性操作等优点，利于应用在多领域大规模处理。本节研究等离子体处理产生的刻蚀作用对三维正交机织复合材料（3D orthogonal woven composites，3DOWC）内增强体纤维、织物及复合材料的影响，选用 DBD 等离子体对增强体织物进行处理。

等离子体处理前对织物进行加热预处理，将三维正交机织物放入烘箱中 120 ℃处理 2 h 备用。将预处理的织物放置于设备处理电刷下，调整二者距离为 5 mm，对织物两面进行均匀处理。主要处理参数为电刷速度：3 m/min；时间：15 min；压强：8 ~ 15 Pa；功率：60 W。

4.2.2 改性效果分析

4.2.2.1 改性机理

玻璃纤维表面较为光滑，与树脂的结合能力较弱，通过 DBD 等离子体处理三维正交机织物，刻蚀纤维表面，通过提高其表面粗糙度，增大纤维与树脂的结合面积和摩擦作用，提高纤维与树脂的界面结合强度。

4.2.2.2 红外光谱测试

为分析等离子体改性对增强体织物的作用效果，对等离子体改性前后织物表层和内部纤维的基团变化进行红外光谱测试。玻璃纤维原样与处理后试样的红外光谱如图 4-2 所示。

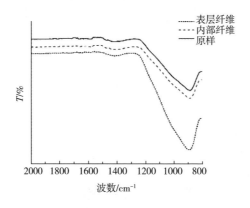

图4-2　玻璃纤维处理前后的红外光谱

由图 4-2 可知，增强体表层纤维在 900 cm^{-1} 左右的 Si—OH 振动吸收峰得到了增强，增加了反应活性点，但增强体内部纤维与原样相比，增强效果不明显，这与增强体织物结构密切相关，其结构紧密和整体厚度较大，影响了内部纤维的刻蚀作用。

4.2.2.3 SEM 观察

为分析等离子体改性对玻璃纤维表面的刻蚀程度和对纤维/树脂界面结合效果，利用 SEM 分别拍摄处理后玻璃纤维表面、复合成型后 3DOWC 脱粘纤维表面及断裂截面，如图 4-3 和图 4-4 所示。

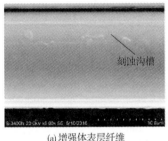

(a) 增强体表层纤维　　(b) 增强体内部纤维

图4-3　玻璃纤维表面变化

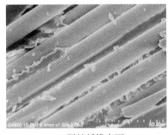

(a) 脱粘纤维表面　　(b) 断裂截面

图4-4　等离子体改性3DOWC脱粘纤维表面和断裂截面

由图 4-3 可知，增强体表层纤维表面不平整，出现少量刻蚀沟槽，且存在部分刻蚀碎片，增强体内部纤维表面与原样相比，未产生明显刻蚀。由于三维正交机织物具有致密结构，因此，增强体织物仅有表层纤维受到了刻蚀作用，内部多层纤维未得到有效处理。由图 4-4 可知，经等离子体处理后的 3DOWC 断裂截面依然存在较多纤维脱粘现象，该处理对整体界面结合未产生明显影响。

经分析可知，等离子体处理对 3DOWC 增强体整体纤维刻蚀和复合材料脱粘现象未产生明显有益影响，故未对其进行相关力学性能的分析比较。

4.3　硅烷偶联剂改性对复合材料力学性能的影响

偶联剂是具有两种或两种以上不同性质的官能团的一类化合物，其亲无机物基团（一般是短链烷氧基）能通过水解反应与无机物发生结合；另一种官能团是能与有机物发生反应且能较好地溶于树脂表面的亲有机物基团（一般是酯酰基、长链烷基）。偶联剂在界面处不仅能与玻璃纤维表面活性基团发生化学反应，还能与高聚物分子形成化学键连接，使纤维与树脂通过共价键形成稳固的界面结合。经过偶联剂处理的纤维与树脂浸润性能得到了改善，界面黏结力加强导致玻璃纤维吸水性能降低，同时延长材料使用寿命，显著提升了材料综合性能。偶联剂主要包括铝酸酯偶联剂、钛酸酯偶联剂和硅烷偶联剂。本节主要讨论硅烷偶联剂对 3DOWC 力学性能的影响。

4.3.1 硅烷偶联剂水溶液处理

硅烷偶联剂是一种同时含有有机和无机两种官能团的化合物，其特殊的结构使得该化合物一端能与玻璃纤维表面的基团反应生成共价键，另一端又能与树脂反应，从而将两种不相容的材料偶联起来，形成增强体—硅烷偶联剂—基体的结合层，提高复合材料的力学性能。除此之外，硅烷偶联剂具有用量少，改性效果好，节能环保，性价比高的优点。本实验所用的 A-1387 氨基类硅烷偶联剂，既能与玻璃纤维表面的基团及环氧树脂反应，又能为纤维提供良好的保护作用，分子式如图 4-5 所示，物理性能见表 4-1。

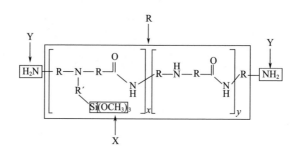

图4-5　A-1387　硅烷偶联剂化学结构

表 4-1　A-1387　硅烷偶联剂性能

状态（常温）	黏度（25℃）/(mm²/s,cSt)	表观比重（25℃）	燃点 /℃	沸点 /℃
黄褐色澄清液体	12	0.969	8	>65

硅烷偶联剂的结构通式通常表示为 Y—R—Si—X₃，Y 可与有机树脂反应，进一步提高树脂基的性能；R 位于官能团与硅原子之间，代表联结基团，联结基团中的化学键在大多数情况下都很稳定；与硅原子连接的无机末端基团是可水解基团 X，该基团的水解产物可与玻璃纤维表面基团反应，同时，X 基团可

影响硅烷的水解速率，研究表明，在相同水解条件下，乙氧基的水解速率要弱于甲氧基。因 A-1387 硅烷偶联剂分子式比较复杂，该偶联剂以通用化学结构 $Y—R—Si(OCH_3)_3$ 或 $NH_2—R—Si—X_3$ 表示。

本实验应用偶联剂后处理法，即先去除玻璃纤维表面的浸润剂，再将织物浸渍于偶联剂水溶液中。偶联剂改性织物的过程主要分为五大步。

（1）三维正交机织物经 250 ℃热处理 60 min 后置于干燥处备用。

（2）配置一定质量分数（0.4%、0.8%、1.2%、2.5%、3.8%）的硅烷偶联剂水溶液，主要步骤如下：在烧杯中依次加入一定体积蒸馏水、乙酸、一定质量硅烷偶联剂、氨水搅拌备用。

（3）将配制的偶联剂水溶液置于转速为 1800 r/min 的磁力搅拌器中，在常温下搅拌 30 min，使得偶联剂充分水解。

（4）将表面热处理织物置于水解完毕的偶联剂水溶液中浸泡 30 min 后取出。

（5）将浸泡后的织物置于电热鼓风干燥箱中 85 ℃下热处理 70 min，即可得到改性后的织物。

在硅烷偶联剂水溶液的配置过程中，溶液的初始 pH 调节为弱酸性，原因是 A-1387 硅烷偶联剂呈油状，加酸可助其溶解；溶液的最终 pH 调节为碱性，一方面是为了加快偶联剂的水解速率，使得水溶液更稳定；另一方面是当偶联剂水溶液呈碱性时玻璃纤维表面硅烷吸附分子数增加，增强偶联效果。偶联剂水溶液的温度、溶液放置时间及偶联剂用量均会影响织物表面改性效果，因此，将一定质量分数偶联剂水溶液在常温下水解 30 min 后，应尽快用于浸渍玻璃纤维织物。

4.3.2 最优化硅烷偶联剂质量分数确定

织物经 250 ℃表面热处理 60 min 和不同质量分数硅烷偶联剂水溶液处理后，通过 VARTM 技术成型单层复合材料板材，将板材按照 ASTM D790—2017 标准切割成一定尺寸试样测试其弯曲性能，以弯曲强度为目标值，确定最优偶联剂质量分数，改性前后试样的弯曲强度及强度变化曲线分别见表 4-2 和图 4-6。

表 4-2　改性前后试样弯曲强度

测试方向	原样	仅表面热处理	偶联剂质量分数 /%				
			0.4	0.8	1.2	2.5	3.8
0°	496.45	479.42	487.25	487.88	490.15	487.61	486.37
90°	494.44	439.80	507.66	512.71	532.58	512.54	506.55

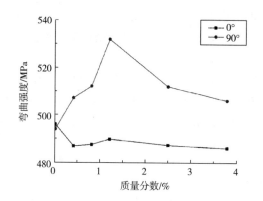

图4-6　改性前后试样弯曲强度变化曲线

　　由图 4-6 可以看出，试样沿 0° 方向的准静态弯曲强度在改性前后变化较小，一方面与织物本身结构有关，经纱位于织物第二层，对织物进行表面热处理时，高温对经纱破坏程度较低，只除去了纤维表面少量浸润剂，但也阻挡了偶联剂与纤维表面基团的反应；另一方面由于表面热处理使得浸润剂对经纱表面再次浸润，虽弥补了纱线表面一些缺陷，使得纱线强度有所升高，但也阻挡了偶联剂与经纱的接触反应；偶联剂改性略微提高了纤维 / 基体结合力，却无法弥补纤维因表面热处理所造成的损伤，因此，偶联剂改性试样沿 0° 方向的弯曲强度略低于未改性试样。而试样沿 90° 方向的准静态弯曲强度随着偶联剂质量分数增加，呈现先增后减的趋势，在偶联剂质量分数为 1.2% 时弯曲强度达到最大值。

　　试样沿 90° 方向弯曲强度先增后减的原因如下：试样沿 90° 方向弯曲强度呈现增加的趋势是由于偶联剂在初始阶段质量分数较小，与树脂及纤维表面基团反应较弱；随着偶联剂质量分数增加，与树脂及纤维表面基团反应增强。而弯曲强度后来减小的原因是随着偶联剂质量分数增加，偶联剂中的硅醇之间发生自身缩合，一方面消耗了偶联剂水溶液中原有的硅醇基团；另一方面在玻璃纤维表面形成网状结构，阻碍偶联剂与树脂及纤维表面基团的反应，同时，降低了树脂对玻璃纤维表面的渗透性。但总体来讲，偶联剂改性试样的弯曲强度高于未改性试样的弯曲强度，其原因在于偶联剂增强了纤维与树脂之间的结合力，弥补了纤维因热处理所造成的力学损伤。

　　综上所述，经表面热处理与不同质量分数偶联剂水溶液处理后的织物，所成型的试样沿 0° 方向弯曲强度没有显著变化；而试样沿 90° 方向的弯曲强度在偶联剂质量分数为 1.2% 时达到了最大值，因此，以试样沿 90° 方向的弯曲强度为目标值来确定最优偶联剂质量分数。

　　由图 4-6 可以看出，质量分数为 1.2% 时，试样沿 90° 方向的弯曲强度最大。采用非线性数据拟合与实验测试相结合的方法确定最优偶联剂质量分数，如图 4-7 所示。

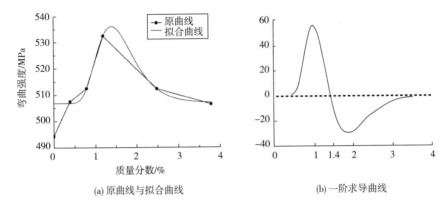

(a) 原曲线与拟合曲线　　　　　　(b) 一阶求导曲线

图4-7　质量分数与弯曲强度曲线

拟合函数如式（4-1）所示：

$$y = y_0 + A/(\sqrt{2\pi} \cdot w \cdot x) \cdot \exp\left\{-\left[\ln(x/x_c)\right]^2/2 \cdot w^2\right\} \tag{4-1}$$

相关系数 R^2 表示曲线的拟合效果，其范围为 0～1，越接近 1，拟合效果越好，图 4-7 中拟合曲线的 R^2 值为 0.99242，接近 1，说明曲线拟合效果良好。采用求导画图法求拟合函数的最大值点，对拟合函数进行一阶求导所得曲线如图 4-7（b）所示，通过以下步骤求得拟合函数最大值点。

表 4-3　拟合函数的相关参数

参数	参数值	标准差
y_0	507.03459	0.68348
x_c	1.55473	0.03256
w	0.31277	0.01662
A	33.87403	2.39373
相关系数 R^2	0.99242	—

（1）实验中所用的偶联剂质量分数范围为 0～3.8%，质量分数为 0 与 3.8% 时，图 4-7（a）中拟合曲线所对应的强度分别为 494.44 MPa 与 506.55 MPa。

（2）由图 4-7（b）可以看出，一阶求导曲线在横坐标为 1.4 时所对应的纵坐标为 0；且横坐标大于 0 小于 1.4 时，一阶求导曲线所对应的纵坐标均大于 0；

而横坐标大于 1.4 小于 3.8 时，一阶求导曲线所对应的纵坐标均小于 0，因此，1.4 是拟合函数的极大值点。

（3）当质量分数为 1.4% 时，图 4-7（a）中拟合曲线所对应的强度为 536.09 MPa，此强度值大于 494.44 MPa 与 506.55 MPa，由此可知，1.4 是拟合函数的最大值点，即经表面热处理与 1.4% 质量分数偶联剂水溶液处理后的织物所成型的复合材料试样沿 90° 方向测试其弯曲性能可得到最大弯曲强度。

为验证拟合结果正确与否，采用质量分数为 1.4% 偶联剂水溶液改性并经 250 ℃ 表面热处理 60 min 后的三维正交机织物，测得成型后试样沿 90° 方向的弯曲强度为 516.42 MPa，小于偶联剂质量分数为 1.2% 时试样的弯曲强度，因此，本课题改性实验中最优偶联剂质量分数为 1.2%。以下章节除特别说明外，所表述的改性试样是指将经 250 ℃ 表面热处理 60 min 及 1.2% 质量分数硅烷偶联剂水溶液处理后的织物所成型的复合材料试样。

4.3.3 弯曲性能分析

通过比较改性前后复合材料试样力学性能及观察试样断裂形态，可从宏观与微观角度分析改性效果。

4.3.3.1 力学性能对比

两种试样沿 0° 与 90° 方向的弯曲强度与模量如图 4-8 所示。由图 4-8 可知，试样沿 0° 方向测试其弯曲性能时，改性试样的弯曲强度比未改性试样下降了 1.27%，而改性试样的弯曲模量却比未改性试样提高了 17.37%，弯曲模量越大，试样抵抗变形的能力越强，由此说明改性处理可提高试样沿 0° 方向抵抗变形的能力。试样沿 90° 方向测试其弯曲性能时，改性试样的弯曲强度和弯曲模量比未改性试样分别提高了 7.71%、16.59%，其原因是改性处理提高了纤维/基体界面结合力，因而提高了复合材料试样的力学性能。

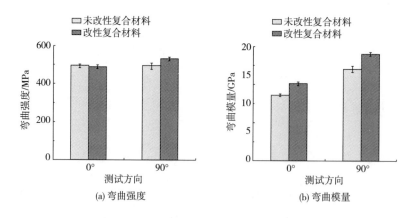

图4-8 复合材料试样力学性能对比

4.3.3.2　失效形态分析

　　弯曲试样失效后，其损伤形态会在试样表面及内部展现出来，采用高清显微镜及扫描电子显微镜从宏观与微观角度观察试样损伤类型并分析失效机理。改性前后试样沿 0° 与 90° 方向测试所得的失效形貌情况如图 4-9 所示，此图片由高清显微镜拍摄所得。

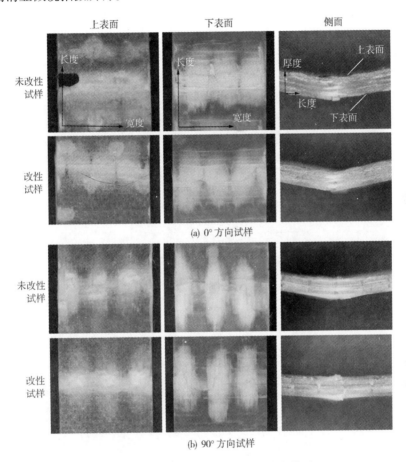

图4-9　试样沿不同方向的宏观失效形貌图

　　由图 4-9 可知，改性前后，试样三个表面沿 0° 与 90° 方向的损伤情况相似。在准静态弯曲实验过程中，试样上表面受到压缩力，该测试面与上压头接触区域损伤最严重，白色区域颜色最深，为试样中心受力区；损伤程度由中心受力区沿试样长度方向逐渐下降，白色区域颜色逐渐变浅；通过观察 90° 方向试样的失效形貌图可以看出，改性试样上表面损伤程度弱于未改性试样，初步分析是由于改性试样纤维与树脂之间的结合强度较高，因此，抵抗变形的能力较强。下表面受到拉伸力，其损伤区域同样集中在中心受力区，该区域颜色最深，白色区域由中心位置沿试样长度方向扩展，颜色逐渐变浅；中心受力区有一条贯穿于试样宽度方向的主裂纹，该裂纹最终导致试样失效断裂；并且该裂纹周围分布着多条小裂纹，距离主裂纹越远裂纹越小，裂纹间距越小。由侧面图可以看出，失效试样外部与内部均受到了损伤，裂纹扩展机理还需进一步研究。

为了详细观察试样内部损伤情况，从上文高清显微镜拍摄后的试样中切割一些样本，应用扫描电镜探究失效试样的内部损伤情况，如图 4-10 所示。由图 4-10（a）可以看出，改性前后试样的纤维与树脂之间均存在脱粘现象，不同程度的脆性断裂和剪切断裂导致纤维在受力过程中从基体中抽拔出来，在基体表面留下因纤维抽拔所产生的孔洞，个别纤维表面残留的基体与整个基体产生微裂纹。通过扫描电镜观察可知，改性前后试样沿 0° 方向的损伤情况大致

(a) 0° 方向试样微观失效形貌图

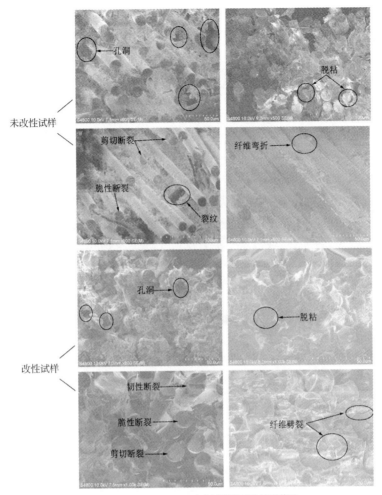

未改性试样

改性试样

(b) 90°方向试样微观失效形貌图

图4-10 试样沿不同方向的微观失效形貌图

相同。由图 4-10（b）可知，纤维与树脂发生脱粘，在弯曲载荷作用下使得纤维发生大面积脆性断裂、剪切断裂，同时，改性试样断裂面中纤维还存在少量韧性断裂和劈裂，纤维发生断裂后在外界载荷作用下从基体中抽拔出，相比于改性试样，未改性试样在基体中因纤维抽拔所留下的孔洞较多且较大，从界面结合力的角度可以理解为未改性试样中纤维与树脂之间的黏合强度较弱。因改性试样纤维与基体之间的结合力较强，基体在一定程度上束缚了纤维，使得纤维内部出现了劈裂现象。从两者的断裂形貌图可以看出，试样断裂失效后，改性试样的损伤情况要弱于未改性试样，与图 4-10（b）中所显示的结果一致，说明试样沿 90°方向的改性效果较好，其改性机理还需进一步研究。

4.3.4 改性效果分析

前文采用表面热处理与硅烷偶联剂水溶液处理结合的方法改性三维正交机织物，采用 VARTM 技术成型复合材料试样，并测试试样的准静态弯曲性能，结果发现与未改性材料相比，改性材料的弯曲性能有所改善，说明改性处理对提高复合材料的力学性能起到了一定作用。基于改性机理、红外光谱及扫描电镜三个方面探究复合材料的改性效果。

4.3.4.1 改性机理

玻璃纤维表面羟基主要与偶联剂水解液中大部分硅醇及少量低聚物反应，反应过程如图 4-11 所示。

硅烷偶联剂水解反应是实现偶联效果的基础条件，偶联剂水解会生成硅醇，水解液中的硅醇可发生两种缩合反应，一种是与玻纤表面的羟基迅速发生反应，另一种是硅醇之间缓慢发生缩合反应生成低聚物和沉淀。一般来讲，硅醇自身缩合的速度小于硅醇与玻纤表面羟基反应的速度。硅羟基之间的缩合反应会消耗水解液中的硅醇，削弱硅醇与玻纤表面羟基的反应；同时，缩合反应生成的网状结构低聚物聚集在玻纤表面，形成隔离层，影响玻纤表面羟基与水

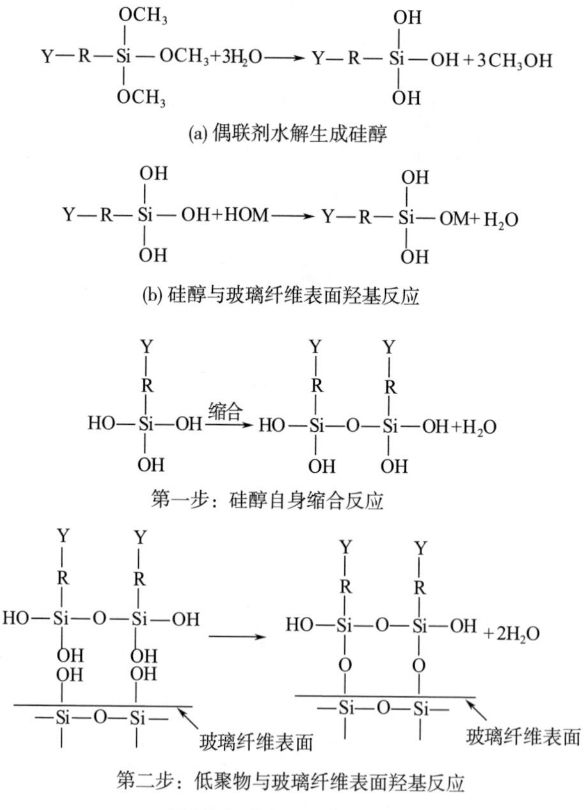

(a) 偶联剂水解生成硅醇

(b) 硅醇与玻璃纤维表面羟基反应

第一步：硅醇自身缩合反应

第二步：低聚物与玻璃纤维表面羟基反应

(c) 低聚物与玻璃纤维表面羟基反应

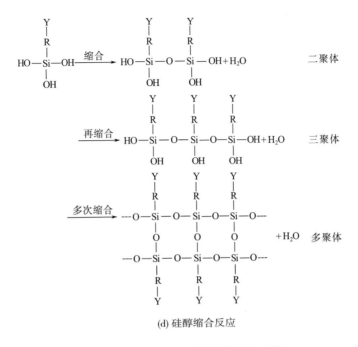

(d) 硅醇缩合反应

图4-11　偶联剂与玻璃纤维反应过程

解液中硅醇的反应，阻碍了树脂浸润玻纤，也削弱了树脂与偶联剂的反应。由上分析可知，低聚物增多，偶联作用下降，水解液温度过高、放置时间过长及偶联剂用量过多都会促进硅醇自身缩合反应的进行，从而降低溶液稳定性，易生成沉淀，因此，应避免此现象发生。

A-1387属于氨基类硅烷偶联剂，该偶联剂内含有活性基团——氨基，氨基上活泼的氢原子与树脂中的环氧基团可发生开环反应，偶联剂与环氧树脂的反应过程如图4-12所示。织物在偶联剂水溶液浸泡过程中，玻纤表面羟基可与水解液中大量硅醇及少量低聚体发生反应，在混合胶液浸润织物过程中，环氧树脂又可与纤维表面结合的偶联剂反应，于是玻纤与树脂两者结合在一起。

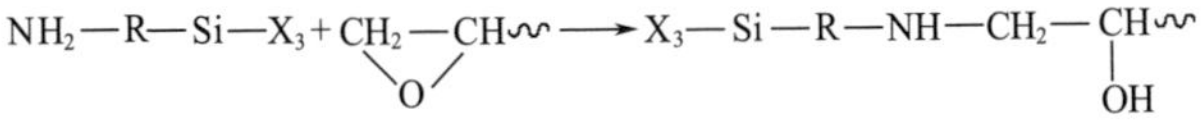

$$NH_2—R—Si—X_3 + CH_2—CH\!\!\!\sim \longrightarrow X_3—Si—R—NH—CH_2—CH\!\!\!\sim$$
$$\underset{O}{\diagup\diagdown}\qquad\qquad\qquad\qquad\underset{OH}{}$$

图4-12　偶联剂与环氧树脂反应过程

4.3.4.2　红外光谱测试

（1）红外表征玻璃纤维与偶联剂的反应。织物经改性处理后，第二层经纱表面仅去除了少量浸润剂，且与硅烷偶联剂反应较弱，因此，该层经纱不用作红外光谱的测试对象。采用红外光谱仪测试玻纤表面羟基与偶联剂反应的产物

结构，运用的方法是溴化钾压片法。具体步骤如下：首先，将两块大小相同的
三维正交机织物经250℃表面热处理60 min，其中一块织物取第一层纬纱待测，
另一块织物浸泡于1.2%质量分数硅烷偶联剂水溶液中，烘干后取第一层纬纱
待测；其次，将两种纤维剪切成细小粉末状，纤维与溴化钾粉末按照1∶100
质量比混合，取一定质量混合粉末于玛瑙研钵器中研磨3 min，直至纤维与溴
化钾粉末融为一体；再次，取少量混合粉末于溴化钾压模器中，在一定压力
下，透明的纤维溴化钾薄片压制成型；最后，将薄片放在红外光谱仪暗箱中，
通过仪器测试反应结构产物，测试结果如图4-13所示。

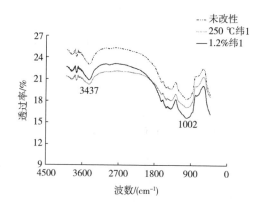

图4-13　改性前后玻璃纤维的FTIR谱图

由图4-13可以看出，改性前后玻璃纤维的红外光谱图整体形状相似，在
1002 cm^{-1}和3437 cm^{-1}处都出现了最强吸收峰，区别是吸收峰的峰值和峰面积
不同；3437 cm^{-1}处的吸收峰为—OH反对称伸缩振动，1002 cm^{-1}处为Si—O—
Si振动吸收峰。未改性纤维在3437 cm^{-1}处出现了—OH吸收峰的原因在于纤维
表面含有吸附水层；而纤维经偶联剂改性后，与纤维表面羟基反应的硅醇及低
聚体中都带有—OH基团，因而使得改性后纤维表面—OH的吸收峰增强，峰面
积增大；经250℃表面热处理60 min后的纤维—OH吸收峰最强，峰面积最大，
其原因是去除部分浸润剂后，纤维表面出现多条细小缝隙，极易吸收空气中的
水分。未改性玻纤的骨架结构为—Si—O—Si—，经热处理后纤维表面裸露出
来，使得1002 cm^{-1}处的振动吸收峰增强，峰面积增大。硅醇及低聚物与玻璃
纤维表面羟基反应生成Si—O—Si基团，因此，经偶联剂改性后纤维的Si—O—
Si吸收峰最强，面积最大，由此说明玻璃纤维经偶联剂改性后，两者界面处发
生了化学键结合，也证明了图4-13中偶联剂与玻璃纤维反应方程式的正确性。

（2）红外光谱与盐酸—丙酮法联合表征树脂与偶联剂的反应。将环氧树脂
与固化剂按照100∶30质量比混合后，其混合胶液经过低黏度—高黏度—固

化三个变化过程，树脂与固化剂反应过程会放热，且在 40 ℃温度下持续时间较长，为偶联剂与树脂反应提供一定的温度和时间。为了模拟混合胶液放热过程中偶联剂与树脂的反应，将一定质量硅烷偶联剂加入环氧树脂中在 40 ℃下反应 3 h，采用红外表征反应产物结构，运用盐酸—丙酮法测定反应产物的环氧值。

①红外光谱表征环氧树脂与偶联剂的反应。采用红外光谱仪测试产物结构运用的是溴化钾压片法，其步骤如下：首先，将溴化钾粉末置于玛瑙研钵器中，并研磨 3 min；其次，取少量粉末置于溴化钾压模器中，在一定的压力下成型溴化钾薄片；再次，在薄片上分别涂覆一层薄薄的纯树脂和经偶联剂改性后的树脂；最后，将薄片置于红外光谱仪暗箱中检测产物结构，测试结果如图4–14 所示。

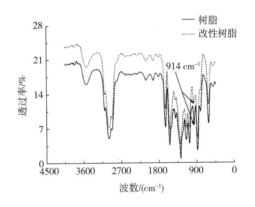

图4-14　偶联剂与环氧树脂反应的FTIR谱图

由图 4–14 可以看出，纯树脂及经硅烷偶联剂改性后的树脂在 914 cm^{-1} 处均出现了环氧基团特征吸收峰，但改性树脂的环氧基团特征吸收峰峰值减弱，峰面积减小，这说明树脂中的环氧基团被消耗，偶联剂与环氧基团发生了反应。

②盐酸—丙酮法表征环氧树脂与偶联剂的反应。树脂环氧值常用盐酸—丙酮法测量，具体操作步骤如下。

a. 盐酸—丙酮溶液（该溶液需现用现配）配置：取一定体积盐酸与丙酮置于容量瓶中，两者体积比为 1：40，将溶液混合均匀，加盖待用。

b. 0.1 mol/L 的 NaOH 乙醇溶液配置：称量 0.4 gNaOH 粉末置于锥形瓶中，100 mL 乙醇分三次加入锥形瓶中（30 mL、30 mL、40 mL），并将锥形瓶置于磁力搅拌器中，在 800 r/min 转速下 60 ℃水浴中加热，直至 NaOH 粉末全部溶解。

c. 空白试样滴定：取 25 mL 盐酸—丙酮溶液置于容量瓶中，加入三滴酚酞试剂，用 NaOH 乙醇溶液滴定至粉红色，且保持 30 s 不褪色，记录 NaOH 乙醇溶液用量，按照以上步骤进行三次空白试样滴定实验。

d. 纯树脂及经偶联剂改性后的树脂滴定：分别精确称量 0.8 g 纯树脂及改性树脂置于容量瓶中，按照上述步骤分别加入等量盐酸—丙酮溶液和酚酞试剂，同样用 NaOH 乙醇溶液滴定至粉红色，保持 30 s 不褪色，记录该溶液用量，NaOH 乙醇溶液用量见表 4–4。

表 4–4　滴定实验中 NaOH 乙醇溶液用量

试样	空白样 1	空白样 2	空白样 3	纯树脂	改性树脂
NaOH 乙醇溶液用量 /mL	87.5	88.8	87	42.4	49.9

环氧值计算公式：

$$E = \frac{(V_1 - V_2) \times c}{10m} \quad (4-2)$$

式中：V_1——三次空白试样滴定实验中 NaOH 乙醇溶液平均用量，mL；

V_2——纯树脂及改性树脂滴定实验中 NaOH 乙醇溶液用量，mL；

c——NaOH 乙醇溶液的摩尔浓度，mol/L；

m——纯树脂及改性树脂的质量，g。

最终计算所得，纯树脂的环氧值为 0.57，改性树脂的环氧值为 0.47。改性树脂的环氧值降低表明偶联剂与环氧树脂发生了反应，消耗了树脂中的部分环氧基团，与红外光谱法测试偶联剂与树脂反应的结果一致。

4.3.4.3　扫描电镜观察

由红外光谱分析可知，偶联剂与玻纤表面羟基及树脂中环氧基团发生了化学反应，证明了偶联剂在玻纤与树脂之间起到了偶联桥接作用。沿 0° 与 90° 方向测试改性前后试样的准静态弯曲性能，采用扫描电镜在相同放大倍数下观察相似区域中基体脱粘后纤维表面及试样断裂截面，如图 4–15 和图 4–16 所示。

由图 4–15 观察分析可知，改性前后试样的断裂截面处纤维与基体的表现形式分为两种：一种是基体包裹于纤维表面，另一种是纤维与基体呈分离状态，改性试样基体包裹纤维的区域较未改性试样略多一些。两种试样的脱粘纤维表面都比较光滑，黏附的基体非常少，说明纤维与基体的结合力较差。以上分析观察可以说明，0° 方向改性试样纤维表面只除去了少量浸润剂，使得偶联剂与纤维表面羟基反应较弱，因此，试样的弯曲强度未得到改善。

由图 4–16（a）可以看出，未改性试样中的纤维在准静态弯曲过程中因受力从基体内抽拔出来，因纤维抽拔所留下的孔洞较多且较大，抽拔现象非常严

(a) 未改性试样

(b) 改性试样

图4-15 0°方向试样断裂SEM图

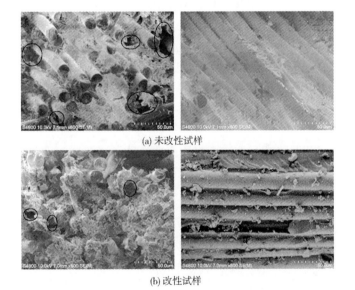

(a) 未改性试样

(b) 改性试样

图4-16 90°方向试样断裂SEM图

重（纤维因抽拔所留下的孔洞已在图中圈出）；断裂截面处凹凸不平，长短不一的纤维从基体中脱离，且纤维脱粘现象严重；纤维与基体脱粘后其表面较光滑。以上三个现象说明，未改性试样中纤维与基体的结合力较差。通过对图4-16（b）观察可知，试样在受力过程中，极少有纤维从基体中抽拔出，而且纤维因抽拔在基体中所留下的孔洞又少又小；断裂截面很平整，基体均匀紧密地包覆于纤维表面；与基体脱粘后的纤维表面残留了许多基体残渣。图 4-16（a）与图 4-16（b）形成了鲜明对比，说明改性处理提高了纤维与基体之间的结合力，同时也反映了试样沿 90° 方向弯曲性能提高的原因。

4.4 纳米粒子改性对复合材料力学性能的影响

界面改性主要以树脂改性和纤维表面处理为主，其中，纤维表面处理的研究较为普遍。由于环氧树脂固化后表现出质脆，抗冲击和应力开裂性能较差，在某些重要领域的推广应用受到了限制，因而，对环氧树脂的增韧改性研究，也一直是国内外学者的研究热点。许多研究人员使用各种填料来增强和增韧环氧树脂，其中以无机刚性纳米粒子的研究最多。这是因为纳米粒子的表面有许多未配对的原子和高活性，并且很容易与环氧树脂中的某些官能团发生物理或化学作用，能形成良好的界面效应，提高粒子与环氧树脂基体的结合能力，从而能承受一定的载荷，具有增韧的可能性。而且，无机纳米粒子的加入对体系的化学性质影响不大，固化过程基本不变，有利于现有成熟工艺条件的不断利用。最有利的是，由于纳米粒子的含量相对较小［通常不超过基体树脂的 10%（质量分数）］，且不涉及化学计量比，所以，增韧剂的添加量容易选择。

本节首先应用纳米黏土改性环氧树脂，以三维正交机织玻璃纤维织物为增强体，通过真空辅助传递模塑成型工艺制备复合材料试样。利用现代材料表征方法 XRD、TEM、FTIR 等科学手段表征复合材料纤维/基体界面改性机理；通过纤维/基体界面接触角测试，分析纳米黏土对复合材料界面润湿性能的影响。以改性后复合材料试样拉伸、弯曲和压缩性能为目标，优化纳米黏土质量分数。

4.4.1 纳米黏土改性环氧树脂

DK2 聚合物级纳米有机黏土，具有较大的径/厚，经改性剥片纯化，纯度大于 95%，再选用多种插层剂充分插层，有机化处理，以适应不同极性和不同结构的聚合改性。成品的纯度和应用效果类似于 Nanomer、Cloisite 系列产品。

本课题选用的是 DK2 聚合物级纳米黏土，其物理和化学性能见表 4-5。

表 4-5　DK2 聚合物级纳米黏土物理和化学性能

纯度 /%	外观	径/厚	粒度（过 200 目）	XRD d_{001}/nm	比重 /（g·cm^{-3}）	堆积密度 /（g·cm^{-3}）
96 ~ 98	米白色	200	≥ 97%	2.4	1.8	≤ 0.3

　　将经过表面有机化处理的纳米黏土添加到环氧树脂中（图4-17），纳米黏土的使用量分别为环氧树脂的0、1%、2%、3%和4%（质量分数）。机械搅拌15 min，观察其分散效果；然后按照树脂：固化剂为100：30的质量比将固化剂添加到纳米黏土和树脂的混合胶液中，并在机械搅拌器上将此混合胶液搅拌15 min，然后超声处理30 min，使溶液混合均匀；最后在鼓风干燥箱中30 ℃的环境下对溶液进行微加热15 min，可除尽溶液中未除去的小气泡，并使溶液保持流动性，温度过高会增加溶液的黏度。处理完之后，注入VARTM成型工艺系统中，与增强体织物进行固化。

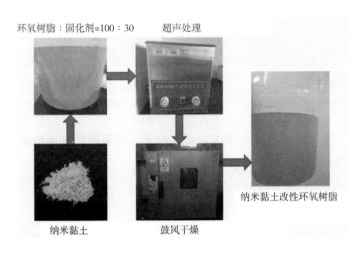

图4-17　纳米黏土改性环氧树脂流程图

4.4.2　改性效果分析

　　为研究3DOWC纤维/基体界面纳米黏土改性效果，将纳米黏土均匀分散于环氧树脂与固化剂混合胶液中，改变基体的结构特性，在基体与增强体之间起"桥梁"的作用，有利于玻璃纤维与树脂更好地结合。

4.4.2.1　改性机理

　　纳米黏土改性环氧树脂属于聚合物基体改性，目的是提高纤维与聚合物基体的黏结力。纤维在树脂中分布的截面图如图4-18所示，在加入纳米黏土之前，被树脂包覆的纤维均匀排列于复合材料中。树脂中加入纳米黏土后，应用透射电镜可以观察到，纳米黏土会黏附在纤维上或者呈不规则排布在树脂基体中，不仅能改善单一织物在增强复合材料时的不足，而且能增加增强相与基体相界面的粗糙度，得到高性能的复合材料。

　　纳米黏土插层主要通过两个步骤实现。

　　（1）通过高速机械搅拌和超声波震荡工艺，聚合物大分子链均匀分散，初步进入黏土片层间，并扩大了黏土的层间距，这是纳米蒙脱土进行插层的前提。

081

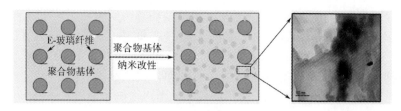

图4-18　纳米黏土改性复合材料过程

（2）向聚合物体系中加入固化剂开始固化，片状黏土之间的聚合物单体也发生固化反应，释放出大量的热量，进一步扩张了有机蒙脱土的层间间距，并完成纳米黏土在聚合物中的插层。

纳米黏土改性环氧树脂和玻璃纤维表面的反应过程如图 4-19 所示。纳米黏土的主要成分是 SiO_2，它与环氧树脂中的羟基发生水解反应，脱去两分子水，接枝成功；另一端与玻璃纤维中的甲基发生水解反应，形成共价键，从而产生强烈的界面粘连和有效的应力传递。最终，纳米二氧化硅均匀覆盖于无机材料表面。纳米黏土作为环氧树脂 / 玻璃纤维（EP/GF）之间的桥梁，将提高基体与增强体之间的界面黏结性。

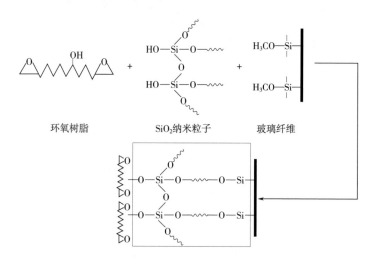

图4-19　GF/EP与SiO_2纳米粒子界面化学反应

4.4.2.2　红外光谱测试

采用傅里叶红外光谱法（Fourier transform infrared，FTIR）测试纳米黏土改性前后环氧树脂基体，分析对应分子内部振动能量的变化。红外线波长介于 0.75 ~ 1000 μm，大多数有机化合物和许多无机化合物的化学键振动都落在 2.5 ~ 15.4 μm，由公式（4-3）可知，2.5 ~ 15.4 μm 波长范围对应 4000 ~ 650 cm^{-1}，所以本实验设计测试范围为 400 ~ 4000 cm^{-1}。

$$v = \frac{10^4}{\lambda} \qquad (4\text{-}3)$$

式中：v——红外波数，cm^{-1}；

　　　λ——红外光波波长，μm。

测试材料为固化后的基体，所以采用溴化钾压片法制备试样，步骤如下：

（1）KBr 使用前用玛瑙研钵研磨至 200 目以下，在 100 ℃的烤箱中干燥，然后放在干燥容器中以备后用。

（2）取 200 mgKBr，1 ~ 2 mg 样品，按照 20 ∶ 1 的质量比在玛瑙研钵中沿同一方向均匀研细，研磨时间为 1 ~ 2 min。

（3）取模具，用酒精擦拭干净，用药品匙将研细的 KBr 和样品均匀放在光面向上的内模块上，中间可略高于四周，上端压住。

（4）用压模器对其施加 1.5 t 的力大约 20 s，即可获得透明的测试样品。

基体与改性基体的 FTIR 光谱如图 4-20 所示。由于纳米黏土易吸收水分，所以，在 3412 cm^{-1} 处的 O—H 属于纳米黏土与环氧树脂中的自由水发生水氢结合；特征峰 2922 cm^{-1} 位于伸缩振动区，与 C—H 键拉伸振动有关；在 2900 ~ 2100 cm^{-1} 和 1800 ~ 1500 cm^{-1} 没有明显的峰值变化，是由于环氧树脂与纳米黏土之间的相互作用，纳米黏土在环氧材料的振动峰发生了向低波数的偏移，在改性基体光谱中观察到的 2063 cm^{-1} 附近的弱带可归属于环氧树脂。此外，光谱中出现的五个特征峰分别表示 C—H 键对称（1477 cm^{-1}）、—CH$_2$—剪切振动（1261 cm^{-1}）、Si—O—Si 拉伸（1072 cm^{-1}）、AlMg—OH 弯曲（827 cm^{-1}）、Si—O—Al 弯曲（551 cm^{-1}），从宽峰变成了肩峰。400 ~ 4000 cm^{-1} 范围内，改性基体的特征峰明显强于原基体。这些结果说明，纳米黏土加入环氧树脂中，与环氧树脂的某些基团发生了反应。

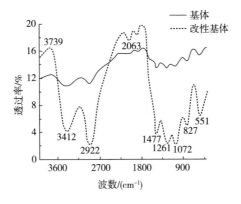

图 4-20　基体与改性基体的 FTIR 光谱图

4.4.2.3　X 射线衍射测试

应用 Rigaku Ultima Ⅳ X 射线衍射仪，采用单色晶体 Cu 靶 Ka 辐射进行 X 射线衍射（X-ray diffraction，XRD）测试。由于 X 射线可穿透固体，从而观测其内部结构，因此，得出体相结构信息，多以定性物相分析为主。对于 X 射线衍射仪来说，最常用的衍射公式是布拉格方程式，如式（4-4）所示。

$$2d\sin\theta = n\lambda \tag{4-4}$$

式中：d——反射晶面的间距；

θ——入射光和平面之间的角度，也称作衍射的布拉格角；

n——衍射级数（$n=1，2，3，\cdots$）；

λ——入射波长。

参照标准 GB/T　30904—2014《无机化工产品　晶型结构分析　X 射线衍射法》制备试样并设置参数。用玛瑙研钵器将原复合材料和加入不同质量分数（1%、2%、3%、4%）的粉末样品进行研磨，使样品晶粒尽可能小，并用试验筛进行筛分，研磨过程特别注意避免样品受污染；将筛分后的粉末装填在凹槽玻璃试料板内，以填满试料板为准。在 45 kV/200 mA 条件下，设置扫描模式为连续扫描，扫描速度 30° /min，测试范围 5° ＜ 2θ ＜ 90° ，用 Jade 5.0 XRD 数据处理软件进行数据处理。

图 4-21 为复合材料原样和经过不同质量分数（1%、2%、3%、4%）纳米黏土改性处理的复合材料试样的 XRD 图谱。通过原始复合材料 XRD 衍射图可以看出，其在 23° 处有一个明显的非晶包络峰，结合布拉格方程式（4-4）确定纳米黏土层的间距 d 为 3.8 nm。对比加入不同质量分数（1%、2%、3%、4%）纳米黏土之后的复合材料 XRD 图谱，非晶包络峰的位置以及峰面积等均未发生明显的改变，说明加入纳米黏土不会影响原有复合材料的晶体结构。接枝时间距 d 的轻微变化可能是由于接枝的聚合物链扰乱了 SiO_2 的非晶结构。

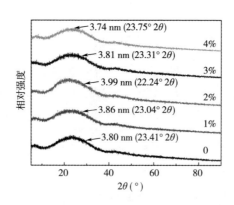

图4-21　不同质量分数（0，1%，2%，3%，4%）纳米黏土改性复合材料XRD图谱

4.4.2.4 透射电镜观察

应用 JEM-2100Plus 透射电子显微镜（Transmission electron microscope, TEM）观察纳米黏土在环氧树脂中分散情况。参数设置为：加速电压 200 kV，点分辨率 0.19 nm。制样步骤如下所示。

（1）取少许粉末试样，置于酒精或其他溶剂中，超声分散 10 ~ 15 min。

（2）用移液枪滴于支持膜上，将制好的试样放在 100 ℃以上的烘箱中加热 30 min，干燥后在 TEM 中观察。

纳米黏土在环氧树脂中的分散情况如图 4-22 所示，分别在不同放大倍数下（0.5 μm、200 nm、20 nm）观察分散效果。图 4-22（a）显示，当纳米黏土分散不均匀时会出现"团聚"现象，"团聚"会导致复合材料发生应力集中，影响其性能，这也是颗粒改性复合材料面临的最主要问题；图 4-22（b）显示为单个纳米粒子被环氧树脂包覆，浅灰色区域为环氧树脂，黑色部分为纳米黏土，两者之间的深灰色区域为纳米黏土与环氧树脂发生交联反应；从图 4-22（c）中可以看出环氧树脂在纳米黏土片层之间渗透，可以更直观地观察到纳米黏土片层的取向和结构发生了变化，说明得到的夹层纳米复合材料是插层结构。此外，从微观角度说明在机械搅拌和超声处理的辅助下，纳米黏土在环氧树脂中得到了相对均匀的分布。

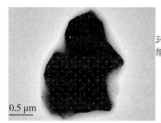 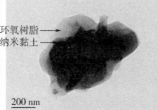 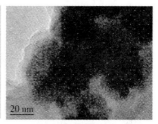

(a) 放大倍数0.5 μm   (b) 放大倍数200 nm   (c) 放大倍数20 nm

图4-22 纳米黏土改性环氧树脂的TEM图像

4.4.2.5 玻璃纤维/环氧树脂（GF/EP）接触角

应用 JC2000DM 测试玻璃纤维/环氧树脂（GF/EP）之间的接触角，接触角分辨率为 0.01°，测量范围为 0 ~ 180°，额定电压 AC220V，额定频率 50 Hz。接触角测试可以反映玻璃纤维与树脂或纳米黏土与树脂间的润湿性。

当液体与固体接触时，有两种润湿方式。首先是液体完全润湿了固体表面，即液相—气相（l—g）界面与固相—液相（s—l）界面之间的接触角是 0°；第二种是液体部分润湿固体表面，即液体在固体表面形成液滴，接触角不为 0°，如图 4-23 所示，三相之间的界面张力符合杨氏（Young's）方程：

$$\gamma_{l-g}\cos\theta = \gamma_{s-g} - \gamma_{s-l} \tag{4-5}$$

式中：γ——界面张力，l，g 和 s 分别代表液相、气相和固相；

θ——接触角。

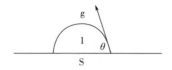

图4-23　固体表面的液滴

采用座滴法将树脂滴入纤维表面，如图 4-24 所示，应用量角法测量纤维 / 树脂间的接触角。在 JC2000DM 型接触角测量仪上测量并计算纯树脂 / 纤维之间的接触角为 67.86°，在树脂中加入不同质量分数（1%、2%、3%、4%）纳米黏土之后，接触角从 70.53° 分别增加到 74.48°、76.43° 和 78.36°。将纳米黏土加入环氧树脂中增加了溶液的黏度，与纯树脂接触角相比，纤维与不同质量分数纳米黏土改性树脂间接触角比较，变化较明显，纳米黏土对 GF/EP 间的接触角产生了影响。

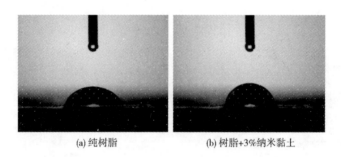

(a) 纯树脂　　　　(b) 树脂+3%纳米黏土

图 4-24　纤维与加纳米黏土前后树脂间的接触角

4.4.3　拉伸性能测试

参照 ASTM　D3039/3039M—2017 标准测试纳米黏土改性后 3DOWC 的拉伸性能。分别沿 0°（经）、和 90°（纬）方向制备复合材料试样。

4.4.3.1　试样制备

拉伸试样如图 4-25 所示，参数见表 4-6。

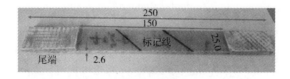

图 4-25　拉伸试验试样图

表 4-6　拉伸试件参数

符号	名称	尺寸 /mm
L	试样长度	250 ± 5
L_1	测试长度	150
L_2	加强片长度	50
b	试样宽度	25 ± 1
h	试样厚度	2.5 ± 0.1

　　将复合材料在沿经纱方向或纬纱方向加载到破坏时，为防止出现夹持损伤，需在试样两端粘贴加强片，一般选择与测试材料相同或相近的材料作为加强片，并对加强片两面进行打磨使其变得粗糙，一方面可以和试验材料黏结紧密；另一方面可使楔形夹头夹紧，防止滑脱。对应每种改性情况分别测试 5 个试样，制备拉伸试样如图 4-25（a）所示，测量试样的实际厚度和宽度参数，并对试样进行相应编号，表 4-7 为拉伸试样实际尺寸。

表 4-7　拉伸试件实际尺寸

试样	测试方向	平均宽度 /mm	平均厚度 /mm
未改性 3DOWC	0°	25.13	2.6
	90°	25	2.6
改性 3DOWC	0°	25.3	2.6
	90°	24.93	2.6

4.4.3.2　拉伸性能

　　将复合材料板材放置在 WDW-100 kN 的万能强力试验机上，用楔形夹头夹持，校准对中度，系统对中度差主要引起提前破坏，或弹力性能数据分散。根据测试标准 ASTM　D3039 设置横梁位移速率为 2 mm/min，均匀加载并记录加载值。

　　随着万能强力试验机的加载逐渐增加，试样达到极限拉伸载荷，根据式（4-6）与式（4-7）计算拉伸强度 F^{ut} 与拉伸应力 σ_i：

$$F^{ut} = \frac{P_{max}}{A} \tag{4-6}$$

$$\sigma_i = \frac{P_i}{A} \tag{4-7}$$

式中：F^{ut}——极限拉伸强度，MPa；

$\quad\quad P^{max}$——破坏前最大载荷，N；

$\quad\quad \sigma_i$——第 i 个数据点拉伸应力，MPa；

$\quad\quad P_i$——第 i 个数据点载荷，N；

$\quad\quad A$——试样平均横截面积，mm^2。

选用割线法分别计算试样拉伸弦向弹性模量 E 和泊松比 ν，如式（4-8）、式（4-9）所示：

$$E^{chord} = \frac{\Delta\sigma}{\Delta\varepsilon} \quad\quad\quad (4-8)$$

$$\nu = \frac{\Delta\varepsilon_t}{\Delta\varepsilon_l} \quad\quad\quad (4-9)$$

式中：E^{chord}——弦向拉伸弹性模量，GPa；

$\quad\quad \Delta\sigma$——两个应变点之间的拉伸应力差，MPa；

$\quad\quad \Delta\varepsilon$——两个应变点之间的应变差，MPa；

$\quad\quad \nu$——泊松比；

$\quad\quad \Delta\varepsilon_t$——两个纵向应变点之间的横向应变差，%；

$\quad\quad \Delta\varepsilon_l$——两个纵向应变点之间的纵向应变差，%。

4.4.3.3 拉伸性能非线性拟合

表 4-8 为改性前后复合材料试样拉伸强度实验数据，结合现代材料表征结果和接触角测试，以拉伸强度为目标值，优化纳米黏土质量分数，复合材料强度随纳米黏土质量分数变化曲线如图 4-26 所示。

表 4-8 改性前后复合材料试样拉伸强度

测试方向	原试样 /MPa	溶液处理 /MPa	纳米黏土质量分数 /MPa			
			1%	2%	3%	4%
0°	359.58	348.89	372.10	398.58	430.24	412.37
90°	317.54	286.79	334.78	330.29	335.67	327.34

从图 4-26 可知不同质量分数改性复合材料试样沿不同方向拉伸强度变化，试样在改性前后沿 90° 方向的准静态拉伸强度变化不大，这是因为纬纱位于织物表面，把织物放在溶液中浸泡时，溶液对纬纱造成一定程度的损伤，因此，改性前后的复合材料试样强度变化小。试样拉伸强度沿 0° 方向先增加后减小，是因为纳米黏土质量分数初始阶段较小，对复合材料的增强作用不明显，随着添加纳米黏土增多，复合材料强度逐渐增大。添加 3% 纳米黏土时，复合材料

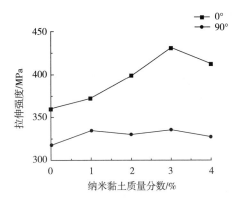

图 4-26　改性前后复合材料试样拉伸强度

的拉伸强度达到最大值，随后出现下降趋势。说明所添加的纳米黏土含量已经达到了饱和状态，超过饱和值后，复合材料的性能逐渐降低。

　　综上所述，当纳米黏土质量分数为 3% 时，复合材料的拉伸强度达到了最大值。因此，以试样沿 0° 方向的拉伸强度和纤维 / 树脂的接触角为目标值，通过实验测试和非线性拟合相结合的方法优化纳米黏土质量分数，如图 4-27 所示。

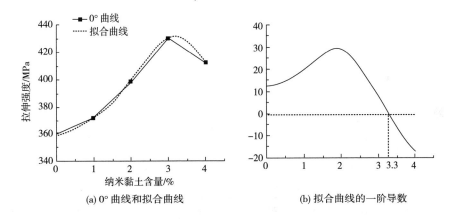

(a) 0° 曲线和拟合曲线　　　　　　　(b) 拟合曲线的一阶导数

图 4-27　纳米黏土质量分数与拉伸强度

拟合函数见式（4-10），拟合函数的相关参数见表 4-9。

$$y = y_0 + \frac{AW + 4AW^2(x - x_c)^2}{2PI(x - x_c)^2} \tag{4-10}$$

相关系数平方和 R^2 反映曲线的拟合效果，越接近 1 则拟合效果越好。拟合曲线的相关系数值为 0.99998，非常接近 1，反映出曲线拟合效果非常好。为求得拟合函数的最大值点，对拟合函数求一阶导数，所得曲线如图 4-27（b）所示，通过求导可得纳米黏土质量分数为 3.3% 时，拉伸强度最大。

表 4-9　拟合函数的相关参数

参数	参数值	标准误差
y_0	342.56341	0.29296
x_c	3.18865	0.00271
W	3.09369	0.01738
A	432.50177	3.37755
相关系数 R^2	0.99998	—

　　为验证实验的拟合结果是否正确，采用质量分数为 3.3% 的纳米黏土对环氧树脂基体进行改性成型复合材料，测试可得改性后复合材料沿 0° 拉伸强度为 426.52 MPa，小于纳米质量分数为 3% 时试样对应拉伸强度，因此，本实验确定的最优纳米黏土质量分数为 3%。

4.4.3.4　应力—应变曲线

　　根据试验结果绘制试样沿 0° 和 90° 的应力—应变曲线，如图 4-28 所示。

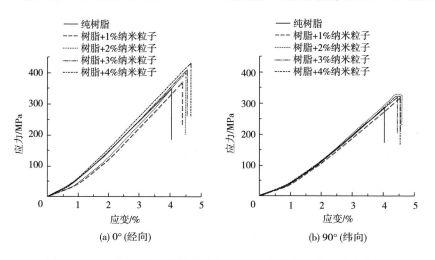

(a) 0°（经向）　　　　　　(b) 90°（纬向）

图 4-28　含不同质量分数纳米黏土 3DOWC 的拉伸应力—应变曲线

　　图 4-28 表明，随着载荷增加，试样沿 0° 和 90° 方向的拉伸应力—应变曲线呈线性增长。开始加载时，主要由树脂承载，由于树脂强度低，导致应力—应变曲线初始阶段缓慢增长；随着载荷逐渐增加，增强体纤维开始承载主要载荷；由于纤维强度较高，曲线呈指数形式增长；当载荷增加到一定程度

时，增强体纤维开始出现断裂破坏，纤维和树脂界面间出现损伤，纤维脱粘和抽拔现象不断出现，试样最终失效。随着纳米黏土添加量的增多，经、纬向拉伸强度均增加。当纳米黏土质量分数为3%时，拉伸强度达到最大值。材料力学性能的提高源于纳米黏土的嵌入和黏土颗粒良好的分散性以及黏土颗粒与聚合物基体之间的相互作用限制了聚合物链的流动性。

4.4.3.5 拉伸强度

3DOWC改性前后拉伸性能参数与强度、模量比较，见表4-10和图4-29，3DOWC改性后拉伸强度和模量都发生了不同程度的提高。由于纬纱铺层比经纱多一层，所以，0°方向比90°方向变化大。因此，纳米黏土改性增强树脂和纤维界面结合有效地改善了3DOWC拉伸性能。

表4-10　未改性和改性3DOWC拉伸性能参数

试样	测试方向	极限载荷 / kN	拉伸强度 / MPa	变化 /%	弹性模量 / GPa	变化 /%
未改性 3DOWC	0°	21.32	348.89	—	55.86	—
	90°	19.09	286.79	—	37.29	—
改性 3DOWC	0°	29.08	430.24	23.32 ↑	65.03	16.42 ↑
	90°	23.56	335.67	17.04 ↑	42.36	13.60 ↑

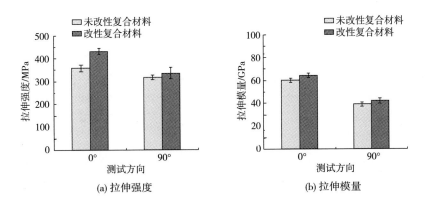

图4-29　不同质量分数纳米黏土改性与原复合材料拉伸强度和模量比较

4.4.3.6 断裂形貌特征分析

应用FEG-Quanta 650型扫描电镜观察纳米黏土改性前后的复合材料试样沿0°方向的拉伸断裂面，如图4-30所示。图4-30（a）与图4-30（c）相比，未改性试样断裂表面相对光滑，加入纳米黏土改性后，断裂表面的粗糙度和褶皱增加，纤维抽拔现象减少，由此可知，纳米黏土改性后可以提高纤维 /

树脂基体界面黏合力。图 4-30（b）与图 4-30（d）相比，未改性试样表面光滑，发生了纤维抽拔，而改性之后纤维上附着纳米黏土，说明黏结效果良好。因此，部分应力会转移到纳米黏土改性的基体中，有效分散应力，导致交联密度、拉伸强度和杨氏模量的增加。

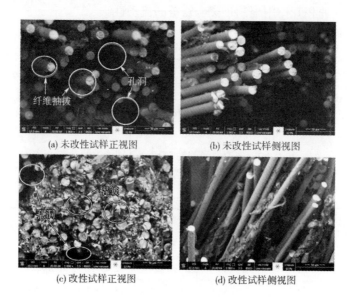

(a) 未改性试样正视图　　(b) 未改性试样侧视图

(c) 改性试样正视图　　(d) 改性试样侧视图

图 4-30　沿经向试样拉伸断裂形貌图

4.4.4　弯曲性能测试

参照 ASTM D7264/7264M—2015 标准实验测试纳米黏土改性前后 3DOWC 弯曲性能，测试试样沿 0°（经）和 90°（纬）方向的弯曲性能，分析试样沿不同测试方向的弯曲损伤机理，比较并分析了纳米改性前后试样的弯曲形态、弯曲强度和模量等的影响。

4.4.4.1　试样制备

弯曲试验试样实物图如图 4-31（a）所示，具体参数见表 4-11，弯曲试样实际尺寸见表 4-12。

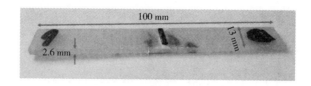

图 4-31　弯曲试样图

表 4-11 试样参数

参数	名称	尺寸 /mm
L	试样长度	不小于 $L_1 \times 120\%$
L_1	测试跨距	$32 \times h$
b	试样宽度	13
h	试样厚度	2 ~ 4

表 4-12 弯曲试样实际尺寸

试样	测试方向	平均宽度 /mm	平均厚度 /mm	测试跨距 /mm
未改性 3DOWC	0°	13.11	2.6	83.2
	90°	13.02	2.6	83.2
改性 3DOWC	0°	13.05	2.6	83.2
	90°	13.08	2.6	83.2

4.4.4.2 弯曲性能

应用 WDW-30 kN 万能强力试验机，基于三点弯曲实验测试复合材料试样弯曲性能。为防止试样滑移，开始时给试样施加预压力 5 N。根据测试标准 ASTM D7264/7264M—20105 设置上压头位移速度 1 mm/min，均匀加载并记录加载值。各组试样分别测试得到 5 个有效数据。

随着万能强力试验机加载逐渐增加，试样达到极限弯曲载荷，根据公式（4-11）~ 式（4-13）可以得到弯曲应力 σ 或弯曲强度 σ_{max}、应变 ε 与弯曲模量 E_f。

$$\sigma = \frac{3PL}{2bh^2} \qquad (4-11)$$

$$\varepsilon = \frac{6\xi h}{L^2} \qquad (4-12)$$

$$E_f = \frac{L^3 m}{4bh^3} \qquad (4-13)$$

式中：σ——弯曲应力，MPa；

P——施加载荷，N；

ε——应变，mm；

ξ——弯曲挠度，mm；

m——力—位移曲线的斜率。

4.4.4.3 弯曲性能非线性拟合

表 4-13 为改性前后复合材料试样弯曲强度实验数据，以弯曲强度为目标值，优化纳米黏土质量分数，复合材料强度随纳米黏土质量分数变化曲线如图 4-32 所示。

表 4-13 改性前后试样弯曲强度

测试方向	原试样 /MPa	溶液处理 /MPa	纳米黏土质量分数 /MPa			
			1%	2%	3%	4%
0°	499.60	482.41	517.22	512.21	499.34	498.31
90°	504.03	471.58	536.24	529.45	514.28	504.62

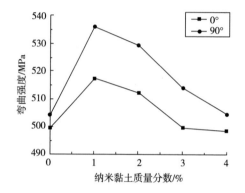

图 4-32 改性前后试样弯曲强度

从图 4-32 可知，不同质量分数纳米黏土改性复合材料试样沿经纬纱方向变化趋势一致。0° 方向的经纱位于织物的第二层，对织物进行溶剂处理时，由于纱线位于里层，只能除去少量浸润剂。90° 方向的纬纱位于织物的表层，浸润剂去除得比较多，加入经纳米改性的环氧树脂进行 VARTM 成型时，纤维与基体的黏结性较好，故力学性能提高，变化幅度较大。弯曲强度变化曲线显示：0° 和 90° 方向试样均在纳米黏土添加量为 1% 时达到弯曲最大值。由于纬纱方向变化程度较大，以纬纱试样弯曲强度为目标值优化纳米黏土质量分数，如图 4-33 所示。

拟合函数见式（4-14），拟合函数的相关参数见表 4-14（A，w，n，r 均为常数）。

$$y = y_0 + A\mathrm{e}^{(-\mathrm{e}^{-t}-z+1)} \frac{n!}{r!\,(n-r)!} \tag{4-14}$$

$$z = \frac{(x-x_\mathrm{c})}{w} \tag{4-15}$$

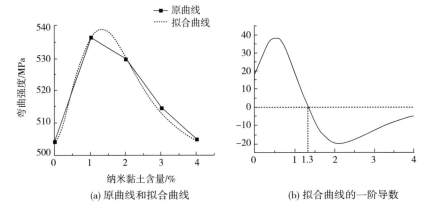

(a) 原曲线和拟合曲线   (b) 拟合曲线的一阶导数

图 4-33   不同纳米黏土质量分数与弯曲强度关系及其拟合曲线的一阶导数

表 4-14   拟合函数的相关参数

参数	参数值	标准误差
y_0	500.53704	4.02676
x_c	1.32386	0.04943
W	0.8445	0.14716
A	38.33771	3.35232
相关系数 R^2	0.99633	—

相关系数 R^2 为 0.99633，接近 1，说明拟合效果很好。由图 4-33（b）可以发现，当纳米黏土质量分数为 1.3% 时，弯曲强度最大。实验验证发现，纳米黏土质量分数为 1.3%，制备改性复合材料试样，测试弯曲强度为 533.22 MPa，低于纳米黏土质量分数为 1% 时的 536.24 MPa，因此，弯曲实验确定最优纳米黏土质量分数为 1%。

4.4.4.4   应力—应变曲线

图 4-34 所示为根据实验结果绘制的不同纳米粒子含量的试样沿 0° 和 90° 测试方向的弯曲应力—应变曲线。

由图 4-34 可以看出，不同质量分数纳米黏土改性及未改性复合材料试样弯曲应力—应变曲线发展和变化趋势总体相似。结合可知，经、纬纱总线密度相等，所以弯曲应力相差不大；而外层经纱比外层纬纱的线密度大，所以材料的失效位移长，经向应变大于纬向应变。在三点弯曲测试中，试样上表面主要承受压缩力，下表面主要承受拉伸力。随着位移增大，基体破碎增多，纤维开始承受相应载荷；当达到纤维最大断裂应力时，试样开始失效。由于增强体为多层织物，上表面和下表面纱线承受最大载荷，当外层纱线断裂失效丧失承载能力后，载荷向里层传递，因此，曲线呈下降趋势，最终，试样断裂失效。当

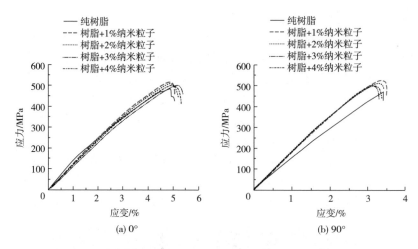

图 4-34　含不同质量分数纳米黏土 3DOWC 的弯曲应力—应变曲线

添加质量分数为 1% 纳米黏土时，经纬向的应力均达到最大值。随着纳米黏土质量分数的增加，材料弯曲应力出现了不同程度的降低。分析试验结果可知，在相同应变情况下，经纳米黏土改性复合材料试样的失效应力比未改性试样的失效应力大。

4.4.4.5　弯曲强度

实验测试比较添加不同质量分数纳米黏土改性复合材料的弯曲强度和模量，如图 4-35 所示，由此可知：相对于未改性复合材料，经纳米黏土改性后的复合材料弯曲性能得到较明显的改善。当添加质量分数为 1% 的纳米黏土时，材料的经纬向弯曲强度达到最大值，分别为 517.22 MPa 和 536.24 MPa，比未改性复合材料的性能分别提高了约 7.21% 和 13.71%；经纬向最大弯曲模量分别为 12.44 GPa 和 17.87 GPa，分别提高了约 5.69% 和 16.64%。纳米黏土添加量达到一定的程度，接近饱和状态，再加入更多的纳米黏土会因产生"团聚"效应而导致更多的缺陷，使材料性能降低。

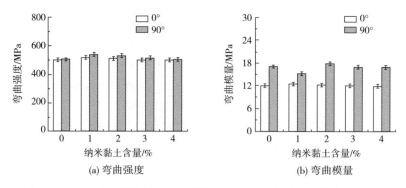

图 4-35　不同质量分数纳米黏土改性与未改性复合材料弯曲强度和模量

4.4.4.6 断裂形貌特征分析

复合材料的弯曲损伤主要集中在加压区域。由图 4-36（a）可以看出，试样断口呈现丛生簇状结构，未改性复合材料的弯曲失效主要是纤维增强体的抽拔和纤维 / 树脂界面的脱粘失效。如图 4-36（b）所示，添加纳米黏土之后，纤维与基体之间的结合力提升，断裂截面表现为纤维 / 树脂有良好的结合力。断裂失效初始阶段主要是树脂破裂发出细微声响，随着载荷增大，纤维断裂声音逐渐清脆，最终达到试样承受极限。由于纤维 / 树脂间界面结合力的提升，彼此会发生载荷传递，致使断裂较为集中。当纳米黏土质量分数过高，或在环氧树脂中分散性不好时，纳米黏土会发生"团聚"现象，且由于团聚体易干，成为破坏过程中的应力集中点，相当于引入了大量的化学缺陷，导致材料的强度下降。

(a) 未改性试样　　　　　　　　(b) 改性试样

图 4-36　90°弯曲试样断裂形貌

4.4.5 压缩性能测试

参照 ASTM D6641/D6641M—2009 标准测试纳米黏土改性前后 3DOWC 试样压缩性能。分别沿 0°（经）和 90°（纬）方向制备复合材料试样。分析试样沿不同测试方向压缩的损伤机理，纳米改性处理对压缩试样形态、压缩强度和模量等性能影响。

使用组合加载压缩测试夹具测定聚合物基复合材料的抗压强度和刚度特性。根据需要，试样可以粘贴加强片或不粘加强片。确保实验成功的一个条件是试样的端部在试验过程中不被压碎。不粘加强片的试样通常适用于织物、短切纤维复材等。而单向或多向复合材料，通常需要在试样端部粘贴加强片。

4.4.5.1 试样制备

压缩试验试样实物如图 4-37 所示，具体参数见表 4-15。

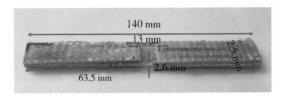

图 4-37　压缩试样图

表 4-15　压缩试样参数

参数	名称	尺寸 /mm
L	试样长度	140 ± 0.3
L_1	测试长度	13
L_2	加强片长度	63.5
b	试样宽度	13 ± 0.2
h	试样厚度	2.5 ± 0.1

　　试样的端部加工成平面、相互平行、垂直于试件长轴的形状。在加载方向具有高抗压强度的材料，通过增加夹具夹持力无法阻止端部破碎。为了进行有效的试验，试样的最终破坏必须发生在量具截面内。每个实验条件至少测试 5 个试样，取平均值，测量试样的实际厚度和宽度参数，表 4-16 为压缩试样实际尺寸。

098

表 4-16　压缩试样实际尺寸

试样	测试方向	平均宽度 /mm	平均厚度 /mm
未改性 3DOWC	0°	13.13	2.6
	90°	13.06	2.6
改性 3DOWC	0°	13.11	2.6
	90°	13.15	2.6

　　压缩试样厚度设置必须防止试样的欧拉柱屈曲。根据公式（4-16）可得用于测试弯曲强度试样的最小厚度。

$$h \geq \frac{l_g}{0.9069\sqrt{(1-\frac{1.2F^{cu}}{G_{xz}})(\frac{E^f}{F^{cu}})}} \qquad (4-16)$$

式中：h——试样厚度，mm；

L_g——计量断面长度，mm；

F^{cu}——预期极限抗压强度，MPa；

E^f——预期弯曲模量，MPa；

G_{xz}——层间穿透厚度的剪切模量，MPa。

公式（4-16）可被改写成式（4-17）的形式。

$$F_{\mathrm{cr}} = \frac{\pi^2 E^{\mathrm{f}}}{\dfrac{l_{\mathrm{g}}^2}{I} + 1.2\pi^2 \dfrac{E^{\mathrm{f}}}{G_{\mathrm{xz}}}} \qquad (4\text{-}17)$$

式中：F_{cr}——预期欧拉屈曲应力，MPa；

　　　A——试样横截面积，mm^2；

　　　I——试样截面的最小惯性矩，mm^4。

　　由公式（4-17）可以计算施加在试样上的应力 F_{cr}。实践经验表明，公式（4-17）对常规纤维 / 聚合物基复合材料是可靠的，可以作为一般指导。

4.4.5.2　压缩性能

　　在 AG-250KN 型岛津万能试验机上测试改性前后复合材料试样的压缩性能。根据 ASTM D/D6641M—2009 标准设置横梁位移速度为 1.3 mm/min。当试样达到极限压缩载荷时，压缩应力即为压缩强度，根据式（4-18）和式（4-19）计算复合材料试样的压缩强度 F^{cu} 和压缩模量 E^{c}。

$$F^{\mathrm{cu}} = \frac{P_{\mathrm{f}}}{wh} \qquad (4\text{-}18)$$

式中：F^{cu}——压缩强度，MPa；

　　　P_{f}——试样失效前最大载荷，N；

　　　w——试样宽度，mm；

　　　h——试样厚度，mm。

$$E^{\mathrm{c}} = \frac{P_2 - P_1}{(\varepsilon_{\mathrm{x2}} - \varepsilon_{\mathrm{x1}})wh} \qquad (4\text{-}19)$$

式中：E^{c}——压缩模量，MPa；

　　　P_1——在 $\varepsilon_{\mathrm{x1}}$ 处的载荷，N；

　　　P_2——在 $\varepsilon_{\mathrm{x2}}$ 处的载荷，N；

　　　$\varepsilon_{\mathrm{x1}}$——实际应变中最接近使用的应变范围的低端；

　　　$\varepsilon_{\mathrm{x2}}$——实际应变中最接近使用的应变范围的顶端；

　　　w——试样宽度，mm；

　　　h——试样厚度，mm。

4.4.5.3　压缩性能非线性拟合

　　测试改性前后试样压缩强度，见表 4-17。以压缩强度为目标值，优化纳米黏土质量分数，复合材料压缩强度随纳米黏土质量分数变化曲线如图 4-38 所示。

　　由图 4-38 可知，改性前后试样在 0°和 90°方向的压缩强度呈现相同变化趋势，即前期呈增长状态，达到饱和状态后，呈现下降趋势。由于前期加入纳米黏土质量分数小，对复合材料整体强度的作用有限，随着纳米黏土含量逐渐增高，强度增大，在纳米黏土添加量为 3% 时，复合材料的压缩强度达到最大值，由于纳米黏土添加到树脂中超过了容限量，导致复合材料的压缩强度下降。

表 4-17　改性前后试样压缩强度

测试方向	原试样 /MPa	溶液处理 /MPa	纳米黏土质量分数 / MPa			
			1%	2%	3%	4%
0°	282.84	238.46	310.65	336.54	371.60	308.79
90°	275.44	244.08	286.69	314.50	406.80	366.27

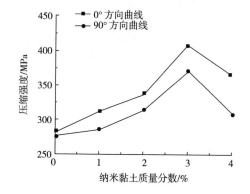

图 4-38　改性前后试样压缩强度

　　对 0° 和 90° 方向压缩强度曲线分别进行线性拟合，确定最佳纳米黏土添加量。由于 0° 和 90° 方向曲线趋势相同，且拟合值接近，故此处只列出 0° 方向的纳米黏土质量分数与压缩强度变化曲线，如图 4-39 所示。

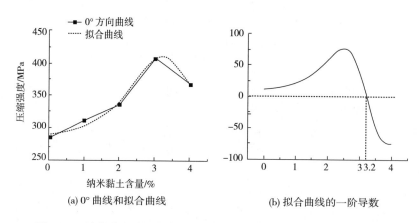

(a) 0° 曲线和拟合曲线

(b) 拟合曲线的一阶导数

图 4-39　纳米黏土质量分数与压缩强度关系及其拟合曲线的一阶导数

拟合函数见式（4-20），拟合函数的相关参数见表4-18。

$$y = y_0 + \frac{AW + 4AW^2(x - x_c)^2}{2PI(x - x_c)^2}$$ （4-20）

表4-18　拟合函数的相关参数

参数	参数值	0
y_0	271.35212	15.20817
x_c	3.20094	0.10416
W	2.3695	0.52972
A	516.09733	145.13256
COD（R^2）	0.98876	—

101

相关系数的平方是决定系数（Coefficient of Determination，COD），决定系数是回归分析中确定变量线性相关程度（拟合优度）的重要工具，解释一个因素与另一个因素之间的关系能引起或解释其可变性的程度。计算值介于0和1（100%）之间，值越高，拟合越好。由表4-18可知，决定系数为0.98876，接近1，拟合效果较好。为求得拟合函数的最大值点，对拟合函数一阶求导，所得曲线如图4-39（b）所示，通过求导法可得纳米黏土质量分数为3.2%时，强度最大。

为验证实验的拟合结果是否正确，采用质量分数为3.2%的纳米黏土对环氧树脂基体进行改性成型复合材料，对5个试样进行测试，得到改性后试样沿0°方向的平均压缩强度为397.56 MPa，小于纳米黏土质量分数为3%时试样对应压缩强度，因此，本实验确定的最优纳米黏土质量分数为3%。

4.4.5.4　应力—应变曲线

根据实验结果绘制不同纳米粒子含量的试样沿0°和90°测试方向的压缩应力—应变曲线，如图4-40所示。

由图4-40可看出，不同质量分数纳米黏土改性及未改性复合材料试样压缩应力—应变曲线发展和变化趋势总体相似。图4-40（a）中，加入不同质量分数纳米黏土之后，复合材料的在0°方向上压缩强度和模量发生了不同程度变化，表明纳米黏土对复合材料的压缩性能产生影响。纳米黏土添加量低，应力增加效果不明显；添加量多，会发生"团聚"而出现化学缺陷。在纳米黏土添加量为3%时，极限载荷达到13.75 kN，比原试样提高了30%。图4-40（b）中，在添加3%纳米黏土时，90°方向上应力和应变达到最大值，极限载荷为12.56 kN，同比增长26%。

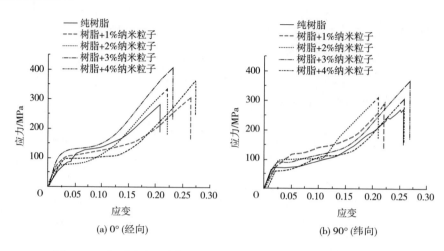

(a) 0° (经向)　　　　　　(b) 90° (纬向)

图 4-40　含不同质量分数纳米黏土 3DOWC 的压缩应力—应变曲线

102

4.4.5.5　压缩强度

测试比较不同质量分数纳米黏土改性前后复合材料的压缩强度和模量，如图 4-41 所示，由此可知，纳米黏土改性复合材料在强度和模量方面均有不同程度的提高。当纳米黏土添加量为 3% 时，复合材料试样经纬向抗压强度达到最大，分别为 406.8 MPa 和 371.6 MPa，比未改性试样分别提高 30% 和 26%。压缩模量在纳米黏土添加量为 2% 时达到最大值，分别为 14.39 GPa 和 14.1 GPa，比未改性试样分别提高 10% 和 22%。纳米黏土改性后，压缩强度和模量不一定会同步增长，性能提高是比较明显的。

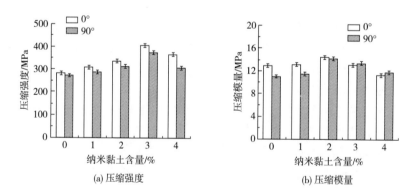

(a) 压缩强度　　　　　　(b) 压缩模量

图 4-41　不同质量分数纳米黏土改性与未改性的复合材料压缩强度和模量的比较

4.4.5.6　断裂形貌特征分析

图 4-42 为应用 FEI-Quanta 650 型扫描电镜拍摄的压缩试样断裂形貌，从微观尺度方面对压缩试样的形貌进行分析，研究其失效原因。放大倍数为 1000。

(a) 未改性试样　　　　　　　　(b) 3%纳米黏土改性试样

图4-42　压缩试样断裂形貌

　　由图4-42（a）可知，试样破坏形式主要有基体破碎、纤维断裂、纤维脱粘和纤维抽拔。改性后，由图4-42（b）可知，改性试样阻止基体变形的能力增强，裂纹扩展阻力变大，使纤维抽拔造成的孔洞明显变小，在树脂中加入纳米黏土提高了基体模量，主要的破坏模式变成纤维/基体破碎。

5 纺织复合材料动态力学性能

5.1 多轴向经编复合材料拉—拉疲劳性能

纤维增强复合材料经受循环载荷作用时，随加载循环次数的增加，呈现非常复杂的破坏机理，可以发生遍及整个试样的四种疲劳损伤形式：基体开裂、分层、界面脱胶和纤维断裂，这些损伤形式及它们之间的组合均可导致复合材料疲劳强度及疲劳刚度的下降。本节测试多轴向经编复合材料在拉—拉交变循环载荷下的疲劳性能，分析此结构复合材料的疲劳力学响应。

5.1.1 试样制备及实验测试

根据国家标准 GB/T 16779—2008 的规定，沿 0° 方向剪裁试样，试样最终的尺寸及大小见表 5-1 和如图 5-1 所示。

表 5-1　拉伸试样尺寸

符号	名称	尺寸 /mm
L	总长	200
L_2	测试距离	100
L_4	加强片长度	50
b	宽度	15
d	厚度	2 ~ 3

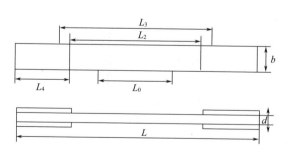

图 5-1　拉伸试样

5.1.2　拉—拉疲劳性能分析

5.1.2.1　多轴向经编复合材料拉—拉疲劳性能

多轴向经编玻璃纤维复合材料试样的拉—拉疲劳试验在 MTS Landmark 拉压疲劳试验系统上进行，并且外接 MTS 产品激光位移传感器用来精确测量疲劳实验过程中试样的位移变化情况。

最大应力和最小应力均为拉伸应力时的疲劳称为拉—拉疲劳。根据国家标准 GB/T 16779—2008 中的拉伸疲劳条件设置试验参数。试验采用力控制模式，采用正弦波交变循环力加载控制，加载正弦曲线如图 5-2 所示，具体的试验参数如下：

试验设备：MTS Landmark 疲劳试验机；

应力比（最小应力与最大应力之比）：$R = 0.1$；

加载频率：5Hz；

试验环境状态：20℃，干态；

施加的应力水平 S_{max}/σ_{ult}（循环最大应力与静态拉伸下的最大应力之比）：80%，75%，70%。

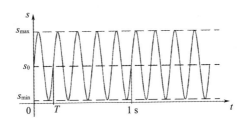

图 5-2　加载正弦曲线

拉—拉疲劳试验选择三个轴向分别是单轴向、双轴向、三轴向，每个轴向取 3 个应力水平进行试验。正弦波下所选取的应力水平对应的拉伸强度见表 5-2。

5.1.2.2　疲劳后残余强度测试

复合材料的剩余强度测试，即在确定某个应力水平下的疲劳循环次数后，对试样进行指定循环次数的疲劳试验，前提是该指定的循环次数少于疲劳总循环次数，以确保试样不被拉断，然后进行静载拉伸试验，测试疲劳试验后的残余强度。三种轴向的玻璃纤维复合材料试样在应力水平为 75% 下做拉伸疲劳剩余度测试，分别在疲劳试验 $N/3$ 和 $2N/3$ 下停止后进行准静态拉伸，具体的测试条件见表 5-3。

表 5-2　不同应力水平下的拉伸强力

试样	加载方向	应力水平	最大强度 /MPa	最小强度 /MPa
单轴向经编复合材料	0°	80%	536.41	53.64
		75%	502.72	50.27
		70%	469.56	45.96
双轴向经编复合材料	0°	80%	87.72	8.77
		75%	82.24	8.22
		70%	76.75	7.68
三轴向经编复合材料	0°	80%	298.76	29.88
		75%	280.21	28.02
		70%	261.66	26.17

表 5-3　拉伸疲劳剩余强度测试条件

试样	应力水平	循环次数 N	$N/3$	$2N/3$
单轴向经编复合材料	75%	4098	1352	2746
两轴向经编复合材料	75%	2289	755	1534
三轴向经编复合材料	75%	15467	5104	10363

5.1.2.3　*S—N* 曲线

S—N 曲线，即为应力水平与循环周期（Stress level vs. Number of cycles）的曲线。它是表征某材料抗疲劳性的重要指标。因此，某材料的疲劳寿命受到应力水平和材料本身抗疲劳寿命的较大影响。1860 年维勒提出了疲劳曲线的概念，因此，该曲线也被称为维勒曲线。多轴向玻璃纤维复合材料分别选择三个应力水平（80%、75%、70%），它们的应力水平 *S* 与循环数 *N* 的对数关系曲线如图 5-3 所示。

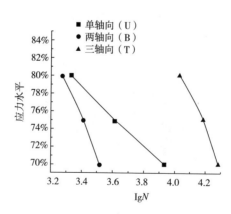

图 5-3　多轴向试样 *S—N* 曲线

由图5-3可以看出，多轴向玻璃纤维复合材料试样拉伸疲劳的一般规律，即疲劳循环次数随着应力水平的下降而延长。此外，图中的斜率均不同，曲线的斜率表示复合材料疲劳变化的快慢程度。三种复合材料的斜率K的大小为：$K_T > K_U > K_B$。根据正则化理论，复合材料S—N曲线越陡峭，其斜率就越小，则复合材料的抗疲劳能力越差。因此，S—N曲线在一定程度上说明了复合材料试样的疲劳裂纹萌生、扩展以及累积损伤的速度快慢。

另外，对不同轴向的三种复合材料试验的拉伸疲劳S—N曲线比较后可以发现，同一应力水平下的循环数$N_{三轴} > N_{单轴} > N_{两轴}$，这与试样的铺层、成型工艺、试验的裁剪方向等诸多因素有关，这里决定三种轴向复合材料同一应力下循环次数的主要原因为试验铺层和裁剪方向。本次试验中单轴向的玻璃纤维布经纱方向为0°，且纱线经密是纱线纬密的1.35倍，复合材料试样的裁剪方向为0°，这就加强了复合材料试样的循环强度。双轴向的玻璃纤维布纱线排布的方向为+45°/−45°，复合材料试样的裁剪方向为0°，也就是在复合材料试样拉伸的方向没有直接承受循环载荷的经纱，强度较小。三轴向的玻璃纤维布纱线排布的方向为0°/+45°/−45°，复合材料试样的裁剪方向为0°，三轴向的复合材料试样不仅有0°方向玻璃纤维起加强作用，还有其他方向的纤维吸收部分载荷，故而承受循环载荷的能力更强一些。

5.1.2.4 应力—位移曲线

三种轴向的复合材料试样的拉伸应力—位移曲线如图5-4～图5-6所示。

图5-4～图5-6中，三种轴向复合材料试样的拉伸应力—位移曲线在拉伸后期均出现明显的非弹性滞后环，该现象说明三种复合材料均存在位移滞后现象。即复合材料承受的交变循环拉伸应力大于材料本身的弹性极限，试样加载过程中，拉伸的能量大于材料本身卸载能量，此时，材料就会吸收部分能量，造成本身的不可逆变形，反映的结果就为位移的增大，环的斜率变小，刚度也在急剧减小。此外，三种轴向的拉伸应力—位移曲线在加载中期环的斜率基本

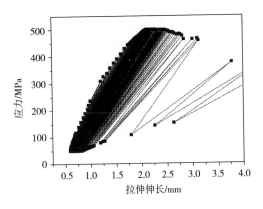

图5-4 单轴向拉伸应力—位移曲线（应力水平：75%；N：4095）

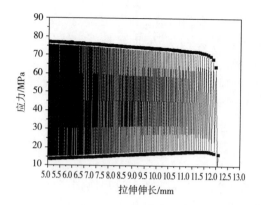

图 5-5　两轴向拉伸应力—位移曲线（应力水平：75%；N：2364）

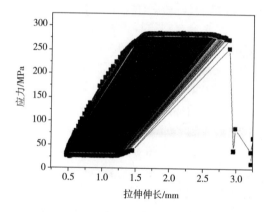

图 5-6　三轴向拉伸应力—位移曲线（应力水平：75%；N：15467）

没有变化，即加载中期复合材料试样的刚度基本不变。

5.1.2.5　疲劳破坏形式

　　三种轴向的玻璃纤维复合材料试样在应力水平为75%下的疲劳破坏形态如图 5-7 所示。图中为多轴向经编复合材料疲劳试样，应力水平：75%。A：单轴向试样上下表面（N 为 4098）；B：两轴向试样上下表面（N 为 2289）；C：三轴向试样上下表面（N 为 15467）。

　　观察三种轴向复合材料试样的断裂形态可以发现，三种轴向的复合材料试样均发生了树脂开裂、纱线断裂和树脂—纱线间的开裂，因此，可以判断这三种形式为试样拉伸疲劳的主要破坏形式。在单轴向和三轴向复合材料试样中，上、下表面及断口位置都可以明显地看到纵向纱线的断裂，以及纱线与树脂的开裂。而二轴向中，由于纤维排布方向为 +45°/−45°，因此，并未发现纵向纤维断裂，而这部分载荷是由与纵向存在倾角的 +45°/−45° 纱所吸收，且纵向伸长明显。

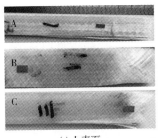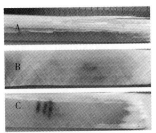

(a) 上表面　　　　　　　　(b) 下表面

图 5-7　不同轴向的破坏形态（应力水平：75%）

此外，同种复合材料试样在不同应力水平下的破坏形态也存在区别，三种轴向的复合材料试样的拉伸疲劳形态分别如图 5-8 ~ 图 5-10 所示，图中试样自上而下应力水平分别为 80%、75% 和 70%。为了更好地观察疲劳破坏形态，以及分析疲劳破坏机理，图 5-8 为准静态拉伸试验断裂形态，图中静拉伸试样自上而下分别为单轴向试样（A）、双轴向试样（B）和三轴向试样（C）。

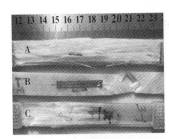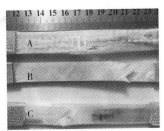

(a) 上表面　　　　　　　　(b) 下表面

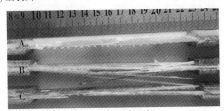

(c) 横截面

图 5-8　准静态拉伸断裂形态

观察图 5-9 ~ 图 5-11，可以发现三种轴向的复合材料试样在不同应力水平下的共同特性。与图 5-8 对比后发现，复合材料试样静拉伸下的断口较集中，而三种轴向经编的复合材料试样在不同应力水平下的裂纹及断口均遍布整个试样，三种应力水平下（应力水平：80%、75%、70%），随着应力水平减小，这种现象越来越明显。由此可见，疲劳加载下的复合材料试样破坏区域更广、更大，破坏程度也比静拉伸更强烈，树脂、纱线断裂也更为明显。根据静拉伸断口的集中，而疲劳加载下断口的分散，推断多轴向经编玻璃纤维复合材料拉—拉疲劳破坏的主要机制为裂纹的萌生与扩展。

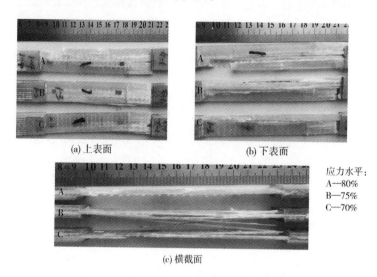

(a) 上表面　　　　　　　　　(b) 下表面

应力水平：
A—80%；
B—75%
C—70%

(c) 横截面

图 5-9　不同应力水平下单轴向经编复合材料试样的破坏形态

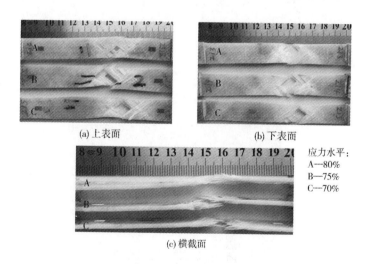

(a) 上表面　　　　　　　　　(b) 下表面

应力水平：
A—80%
B—75%
C—70%

(c) 横截面

图 5-10　不同应力水平下双轴向经编复合材料试样的破坏形态

此外，对比三种轴向的复合材料试样不同应力下的断裂形态。单轴向和三轴向的复合材料试样在不同应力水平下都有根部断裂的现象，尤其是应力水平在 80% 和 75% 时。这就说明在拉—拉疲劳试验的过程中，由于施加的载荷较

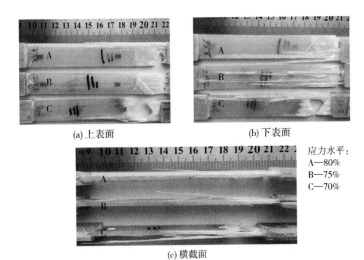

(a) 上表面   (b) 下表面

应力水平：
A—80%
B—75%
C—70%

(c) 横截面

图 5-11　不同应力水平下三轴向经编复合材料试样的破坏形态

大，复合材料试样在夹持端根部发生了应力集中现象，这可能与复合材料试样成型过程、粘贴加强片的工业胶、试验拉—拉疲劳加载过程中夹持端的夹持力等有关。

5.1.3　拉—拉疲劳剩余强度测试

为进一步观察复合材料试样在疲劳测试期间的性能变化，实验测试了复合材料疲劳后剩余强度。在应力水平为75%，拉—拉疲劳循环次数达到循环寿命 N 的 $N/3$ 和 $2N/3$ 时停止疲劳试验，测定不同试样在不同循环次数后的剩余拉伸强度，得到三种轴向复合材料疲劳后剩余拉伸强度如图 5-12 所示。

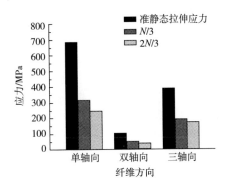

图 5-12　三种轴向复合材料疲劳后剩余拉伸强度

图 5-12 显示了指定循环次数下拉伸疲劳剩余强度的应力—应变曲线。三

种不同轴向复合材料试样拉伸疲劳后剩余强度均有大幅度下降，主要原因如下。

①纤维和基体分离。

②纤维从基体中拔出。

③随着疲劳循环次数的增加，纤维断裂。

三种轴向拉伸疲劳后剩余强度的退化率见表5-4。

表5-4 疲劳后剩余强度退化率

试样	应力水平	循环次数	退化率/%
单轴向经编复合材料	75%	$N/3$	51.88
		$2N/3$	35.62
两轴向经编复合材料	75%	$N/3$	52.40
		$2N/3$	31.44
三轴向经编复合材料	75%	$N/3$	50.98
		$2N/3$	25.89

为进一步分析复合材料的疲劳断裂特性，指定循环次数下拉伸疲劳试样的断裂形貌如图5-13所示。

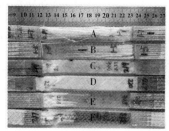

(a) 上表面   (b) 下表面

A：单轴向试样，应力水平：75%；N：1352；B：单轴向试样，应力水平：75%；N：2746；
C：双轴向试样，应力水平：75%；N：755；D：双轴向试样，应力水平：75%；N：1534；
E：三轴向试样，应力水平：75%；N：5104；F：三轴向试样，应力水平：75%；N：10363。
图5-13 复合材料疲劳后剩余拉伸断口

通过疲劳后剩余强度的试验可知，疲劳损伤是拉伸疲劳剩余强度退化的根本原因，剩余强度的退化过程也就是拉伸疲劳过程中树脂、纤维及其界面微裂纹到小裂纹，再到裂纹的演变过程。观察循环次数在$N/3$时的剩余强度试样断口，接近静态拉伸的断口，但明显小于静拉伸断口，又大于疲劳拉伸断口。循环次数在 2N/3 时的剩余强度试样断口，断裂大小是介于 N/3 和疲劳拉伸断口之间的。裂纹扩展的快慢取决于复合材料裂纹尖端的应力集中水平，而应力集中水平取决于施加载荷的强度，因此，随着施加载荷强度的增加，复合材料试样剩余强度的退化率增加，拉伸疲劳后强度大幅度降低。

5.2 三维正交机织物弯曲疲劳性能

复合材料在准静态弯曲过程中所受的力是单一的，与材料在实际环境中所受的力有很大的区别，弯曲疲劳实验可模拟材料实际受力条件，该实验是指试样在交变应力的作用下受力损伤直至破坏，从而测试复合材料的弯曲疲劳性能，实验过程更加接近复合材料的实际受力过程，更能真实地展现复合材料的受力情况。科学地设置最小与最大应力水平是准确测试复合材料弯曲疲劳性能的前提，最小与最大应力水平即准静态弯曲实验与声发射检测技术结合得到的临界载荷水平。

5.2.1 试样制备及实验测试

疲劳性能测试实验所采用的试样与弯曲性能测试实验中试样的制造方法及尺寸相同。

采用美国 MTS Landmark 疲劳实验机在 20 ℃干态环境中测试三维正交玻纤机织复合材料弯曲疲劳性能，试样跨距参照 ASTM D790—2017 标准设置（未改性试样为 106 mm，改性试样为 112 mm），实验加载频率设置为 4 Hz（即试样在 1 s 内弯曲 4 次），测试所采用的应力比为 0.1，实验装置及试样放置如图 5-14 所示。

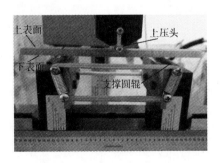

图 5-14 弯曲疲劳实验装置

复合材料试样在疲劳实验过程中受到交变循环载荷作用，其加载模式如图 5-14 所示。MTS Landmark 疲劳实验机采用交变载荷控制的模式加载试样，试样从初始载荷最终回到初始载荷的一个变化周期称为一个循环，已在图 5-15

中标记。一个循环中，最小载荷 F_{min} 对应的应力与最大载荷 F_{max} 对应的应力之比称为应力比，应力比决定试样在疲劳受力过程中的加载幅度，两者成反比，应力比越大，试样加载幅度越小，从实际角度出发将应力比设置为 0.1。

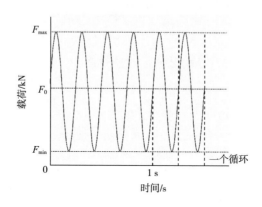

图 5-15　交变循环载荷

在不同应力水平下测试复合材料试样的疲劳性能，应力水平定义为一个循环过程中最大应力与试样在准静态弯曲实验中最大应力的比值，也可理解为疲劳最大载荷与准静态最大载荷的比值，因此，载荷水平也可表示应力水平。科学地设置应力水平是一大创新点，由声发射技术实时监测三层复合材料试样准静态弯曲实验可得该试样的临界载荷水平分别为 50% 与 90%，试样进行弯曲疲劳实验所受的最大载荷达到准静态最大载荷的 50% 时，试样开始萌生裂纹，多次循环后试样断裂失效；而试样在弯曲疲劳实验中最大载荷达到准静态最大载荷的 90% 时，试样即进入破坏性损伤阶段，在循环次数很少的情况下即发生失效，因此，试样进行弯曲疲劳测试时，其最大载荷不可超过准静态最大载荷的 90%，即最大应力水平不能超过 90%。为了测试试样从裂纹萌生至破坏性损伤萌生这一期间的疲劳性能，弯曲疲劳实验将最小应力水平设置为 50%，最大应力水平设置为 90%，中间每隔 10% 取一值，最终所设置的应力水平为 50%、60%、70%、80%、90%。

5.2.2　弯曲疲劳性能分析

通过对改性前后试样弯曲疲劳实验中所得的数据进行收集、处理及分析，绘制不同的关系图表征材料疲劳性能，关系图主要包括疲劳寿命曲线、应力—应变曲线及刚度变化曲线三类。

5.2.2.1　疲劳寿命曲线

复合材料的疲劳寿命曲线可用 S—N 曲线表示，S 表示应力水平，N 表示加载循环次数。通过 S—N 曲线可观察试样在不同应力水平下的循环次数（疲劳寿命），疲劳寿命是反应材料疲劳性能的重要参数。改性前后试样沿 0°、90° 方向在不同应力水平下测得的 *S—N* 曲线如图 5-16 所示。

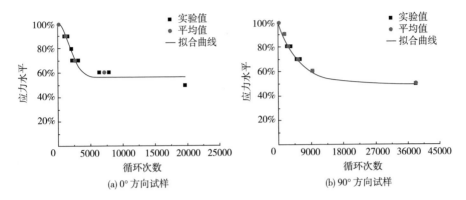

(a) 0° 方向试样　　　　　　　　(b) 90° 方向试样

图 5-16　*S—N* 曲线

本实验采用文献中所提到的基于 weibull 分布应力—寿命曲线模型，此模型适用于纤维增强复合材料：

$$S = 1 + a \times \left\{ \exp \left\{ -\left[\frac{\log(N+1)}{b} \right]^{c} \right\} - 1 \right\} \tag{5-1}$$

式中：*S*——应力水平；

　　　N——疲劳循环次数；

a、*b*、*c*——常数拟合值。

极限应力水平 *S*=1–*a*（当 *N* 足够大时） （5-2）

采用公式（5-1）将疲劳实验数据在 origin 软件中拟合得到图 5-16 中的两条拟合曲线。不同试样得到不同拟合曲线，从而得到不同的 *a*、*b*、*c* 值，两种试样拟合曲线的 *a*、*b*、*c* 值及极限应力水平见表 5-5。*a* 可以反映材料的疲劳极限，当循环次数 *N* 足够大时，通过式（5-1）可以求得材料的极限应力水平。

表 5-5　试样常数拟合值

测试方向	0°	90°
R^2	0.93595	0.99013
a	0.43414	0.50187
b	7.81389	8.70186
c	15.5452	8.72556
计算极限应力水平 *S*	0.56586	0.49813
实际最小应力水平	0.5	
计算应力水平与实际最小应力水平差值 *l*/%	13.17	−0.37

相关系数 R^2 是衡量曲线拟合效果的主要参数，其数值越接近 1，表示曲线拟合效果越好，由表 5-5 可以看出两条拟合曲线 R^2 值均高于 0.9，表明两条曲线均具有良好的拟合效果。通过观察表 5-5 可得，0° 方向试样的计算极限应力水平高于最小实际应力水平，计算极限应力水平是 56.59%，此计算结果表明试样理论上可在 56.59% 应力水平下长时间使用，而实际测试过程中 0° 方向试样在 50% 应力水平下达到了较大疲劳循环次数，计算结果与实际测试结果有所出入。90° 方向试样测得的计算极限应力水平低于实际最小应力水平，试样的计算极限应力水平为 49.81%，表明材料理论上可在 49.81% 应力水平下较长时间使用，该结果与实际最小应力水平测试结果几乎相同。

由图 5-16 还可以得到，疲劳循环次数与应力水平呈反比，应力水平降低，试样的循环疲劳次数增加。这是由于应力水平越低，试样最低载荷与最高载荷之间的差值越小，试样受力振动幅度越小，损伤积累速度越慢，因此，失效循环次数越多。

5.2.2.2 应力—应变曲线

通过计算改性前后试样在 70% 应力水平下疲劳实验所得的每一循环中的载荷与位移数据，可得到图 5-17 所示的应力—应变曲线。

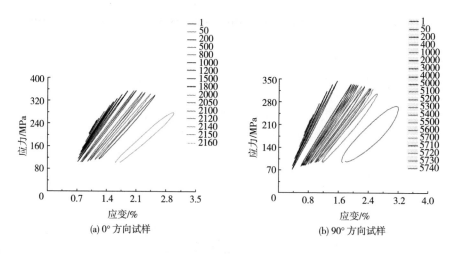

(a) 0° 方向试样　　　　(b) 90° 方向试样

图 5-17　应力—应变曲线（应力水平 70%）

在弯曲疲劳过程中，试样的应力—应变曲线呈滞后圈形式，滞后圈是由于试样弹性变形和塑性变形导致的。每个滞后圈是每次循环中试样在交变应力作用下弹性变形的结果，加载次数增加，应变增长，滞后圈数目增加，试样内损伤逐渐累积，产生塑性变形直至试样失效。滞后圈的面积是损伤能量的积累，由图 5-17 可以看出，随着疲劳加载次数增加，滞后圈面积逐渐增大，表明试样内部累积的损伤能量逐渐增多。滞后圈的增长速度表现为阶段式，未改性试样的阶段式表现得更加明显，当达到一定循环次数时，滞后圈面积在很短时间内迅速变大，圈与圈间距瞬间变大，最终试样失效。通过以上现象说明材料的疲劳损伤是不断累积的结果。

5.2.3 弯曲疲劳剩余强度测试

弯曲疲劳性能可综合地反映材料的力学性能，为了进一步观察弯曲疲劳实验对试样性能的影响，本节将测试试样经不同循环次数弯曲疲劳后的剩余弯曲强度。

5.2.3.1 试样制备及实验测试

该实验试样的制造方法及尺寸与弯曲疲劳实验试样相同。测试过程如下：首先，试样在 70% 应力水平和 $N/2$、$2N/3$ 及 $5N/6$ 循环次数下进行弯曲疲劳实验；其次，弯曲疲劳后的试样进行准静态弯曲实验；最后，获得复合材料试样的疲劳剩余强度，计算强度退化率。该实验的测试条件见表 5-6。

表 5-6 弯曲疲劳剩余强度测试条件

应力水平	测试方向	试样	总循环数	$N/2$	$2N/3$	$5N/6$
70%	0°	未改性	2534	1267	1689	2112
	90°	未改性	5766	2883	3844	4805

5.2.3.2 疲劳剩余强度分析

试样沿 0° 与 90° 方向在特定循环次数下进行弯曲疲劳实验，不同循环次数后试样的准静态弯曲强度会下降，试样强度退化率如图 5-18 所示。

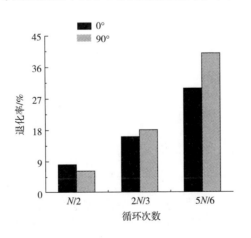

图 5-18 弯曲强度退化率

循环次数 $N/2$、$2N/3$、$5N/6$ 均位于疲劳测试的第二阶段，即进行准静态弯曲实验前试样的主要破坏模式是纤维／基体界面损伤（前期），伴随着少量纤维断裂现象（后期）。由图 5-18 可以看出，同一试样的强度退化率与循环次数成正比，循环次数增加，强度退化率升高。90°方向试样在 $N/2$ 循环次数下的退化率低于 0°方向试样，$2N/3$ 与 $5N/6$ 循环次数时 90°方向试样退化率升高，退化率变化幅度较大，说明 90°方向试样前期的损伤程度较低，中后期损伤程度加深，而 0°方向试样退化率处于稳定增长的趋势。综上所述，0°与 90°方向改性试样抵抗疲劳变形的能力均较强。

5.2.3.3 疲劳试样裂纹扩展情况分析

将试样沿 0°与 90°方向弯曲疲劳特定循环次数（$N/2$、$2N/3$ 及 $5N/6$）后，用高清显微镜观察损伤试样的上、下、侧三个表面，用以探索复合材料试样在弯曲疲劳过程中裂纹的扩展与失效情况，如图 5-19 与图 5-20 所示。

由图 5-19 可以看出，沿 0°方向测试时，试样损伤程度较严重，图片所显示的现象与剩余强度退化率结果一致。试样经 $N/2$ 疲劳循环后，上表面出现多个白点，且白点沿试样宽度方向出现连接的趋势；试样下表面出现多条裂纹，较深的裂纹周围出现白色区域，说明纤维与基体发生脱粘；试样侧面可反映裂纹扩展的深度，通过观察图片可以看出在 $N/2$ 循环次数下，试样仅在上下表面出现白色区域，损伤仅存在于试样表面。试样经 $2N/3$ 与 $5N/6$ 次疲劳循环后，上表面的白点沿试样宽度方向逐渐连接成一条线，并且随着循环次数增加颜色加深，上压头与试样接触处颜色最深，说明此处损伤程度最严重；试样下表面裂纹条数增加，裂纹周围的白色区域增多，经 $5/6N$ 疲劳循环后，部分白色区域连成一片，少量纤维发生断裂；侧面白色区域沿试样长度方向加深扩展，且随着疲劳循环次数增加，白色区域向试样内部扩展。试样沿 0°方向进行弯曲疲劳测试时，裂纹由表及里沿试样宽度方向扩展加深，达到一定循环次数时，上下表面裂纹连接成一片白色区域，且试样下表面因拉伸作用产生一条主裂纹，裂纹由表面扩展到试样内部，产生分层现象，试样断裂失效。

由图 5-20 可以看出，沿 90°方向测试试样弯曲疲劳性能时，试样在 $N/2$ 循环次数下的损伤程度弱于 0°方向，$2N/3$ 及 $5N/6$ 循环次数下的损伤程度强于 0°方向试样，此结果与弯曲强度退化率的变化趋势相同。在 $N/2$ 疲劳循环次数下，试样上表面出现沿长度方向扩展的白点，并且与压头接触位置的白点颜色较深；试样下表面同样出现沿长度方向扩展的白点，同时还出现多条较浅的沿试样宽度方向的短裂纹；而侧面裂纹仅局限于试样上下表面。在 $2N/3$、$5N/6$ 疲劳循环次数下，试样上表面的白点沿长度方向连接成一条白线，在 $2N/3$ 循环次数下白线雏形显现，而在 $5N/6$ 循环次数下白线基本定型，并且白点试样宽度方向也出现了相连的趋势；试样下表面白点的发展趋势与上表面相同，并且沿试样宽度方向扩展的裂纹数目增多并延长；侧面裂纹由试

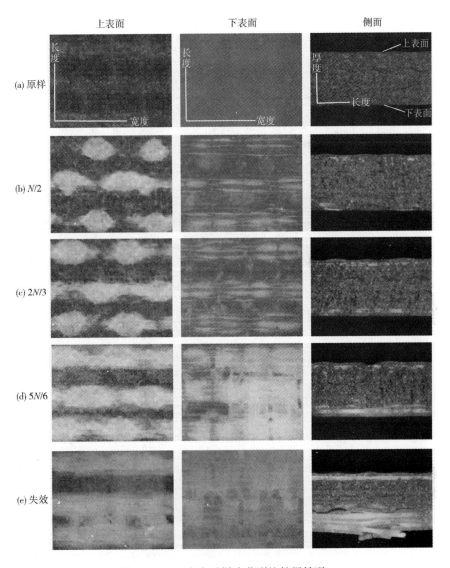

图 5-19　0°方向试样疲劳裂纹扩展情况

样表面向内部扩展。试样沿 90° 方向进行弯曲疲劳测试时，裂纹同样是由表面向内部逐渐加深，试样断裂失效时上下表面裂纹连接成一个白色区域，其断裂失效位置主要集中在上压头与试样接触处，试样上下表面在该位置皆出现一条主裂纹。与 0° 方向试样裂纹扩展情况不同的是，该试样上下表面裂纹主要沿长度方向扩展，且由图片可看出，试样经 2N/3 及 5N/6 次疲劳循环后损伤程度加深。

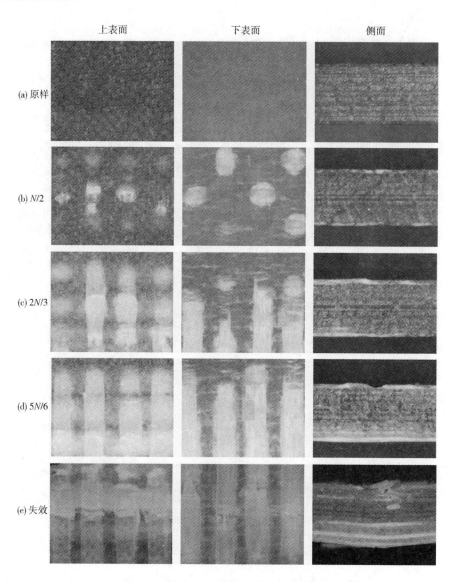

图 5-20　90° 方向试样疲劳裂纹扩展情况

6 复合材料力学性能的温度效应

本章主要阐述高低温环境下（–30℃、0℃、20℃和40℃）三轴向和四轴向经编玻纤增强环氧树脂复合材料沿不同方向（0°、90°和45°）的拉伸、弯曲和压缩性能，分析温度对复合材料应力—应变曲线、强度、模量、失效位移和断裂形态等指标的影响。基于实验结果及复合材料断裂形貌特征，分析高低温环境下复合材料的失效机理。根据实验数据，应用非线性拟合得到强度与温度之间的关系，分析复合材料拉伸、弯曲和压缩性能的温度效应。

6.1 材料准备及试样制备

6.1.1 材料准备

多轴向经编织物是由直径为几微米的单丝组成的纤维束，纤维束沿0°、90°和±θ方向平行排列，一般取向角θ选取±30°和±45°，最多可达8个不同方向，纱线束互相平行、无卷曲，可根据需求衬入多层不同面密度的纱线，排列后的纱线束由经平组织或编链组织绑缚在一起，形成三维网状结构。

本实验采用的多轴向（三轴向、四轴向）玻璃纤维织物均来源于同一家玻璃纤维有限公司，性能参数见表6-1；三轴向经编织物结构为0°/±45°，织物实物如图6-1所示。四轴向经编织物结构为0°/90°/±45°，实物如图6-2所示。

表 6-1 多轴向经编织物性能参数

织物结构	轴向	线密度 /tex	层数	织造密度 / [根·(10 cm)⁻¹]	面密度 / (g·m⁻²)	厚度 / mm
三轴向	0°（经向）	2400	3	23	1200	1
	45°	600		42		
	–45°	600		42		
四轴向	0°（经向）	600	4	39	800	0.7
	45°	300		55		
	90°（纬向）	300		55		
	–45°	300		40		

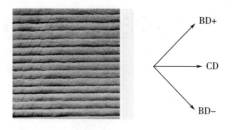

图 6-1　三轴向经编玻璃纤维织物

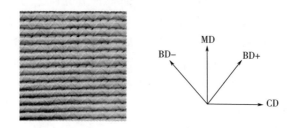

图 6-2　四轴向经编玻璃纤维织物

6.1.2　试样制备

复合材料试样制备采用 VARTM 工艺。

6.2　拉伸性能

6.2.1　实验方法

选取尺寸标准、平整、无明显缺陷的试样分别测试试样在 –30 ℃、0 ℃、20 ℃和 40 ℃条件下的拉伸性能，设备为日本岛津 AG–250kNE 万能试验机，具体条件如下。

（1）–30 ℃条件：试样放在 ROSENYI 高低温试验箱中，将温度设置为 30 ℃，放入试样，静置 20 min，保证试样内部与外界环境平衡，20 min 后取出试样立即进行测试，误差不超过 ±3 ℃。

（2）0 ℃条件：步骤同上，将温度设置为 0 ℃。

（3）20 ℃条件：由于室温为 22 ~ 23 ℃，所以，20 ℃条件就是在室温下进行测试。

（4）40 ℃条件：将试验机夹头部分放入恒温测试箱中，恒温测试箱通过电阻丝升温，利用水循环装置保持温度恒定，将试样装夹好后，设置温度为40 ℃，20 min 后，开始测试，误差不超过 ±3 ℃。

装夹试样时，要保持试样竖直，与地面完全垂直状态。应变片连接 WS–

3811 数字式应变仪，应变片连接端互不接触。先采集应变数据，后开始拉伸实验，拉伸速率为 2 mm/min，持续记录对试样施加的载荷值和位移变化。

6.2.2　应力—应变曲线

在不同温度下，三轴向和四轴向经编复合材料沿 0°、90° 和 45° 方向拉伸应力—应变曲线如图 6-3 所示。

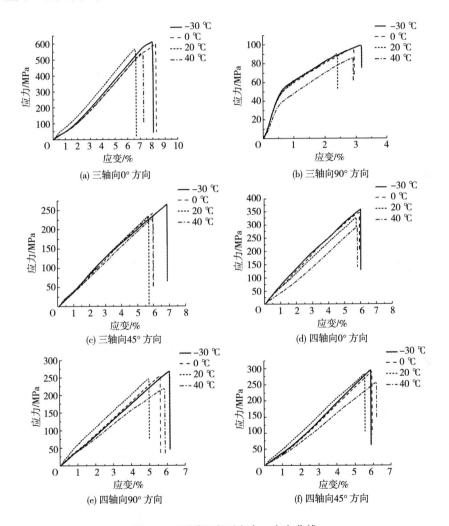

图 6-3　不同温度下应力—应变曲线

由图可知，三轴向和四轴向经编复合材料在不同温度下拉伸的应力—应变曲线趋势总体一致，随着载荷增加，应变呈线性增长，并伴随着纤维断裂声，达到最大应力后出现巨大断裂声，试样断裂失效。随着温度升高，试样承载的最大载荷不断降低。

总体来看，20 ℃时，拉伸初始阶段曲线斜率较大，且应变最小，40 ℃时斜率较小。而低温时，树脂收缩，导致树脂本身的力学性能增强，且与纤维的结合更紧密，因此，其最大应力升高；高温时，由于基体软化及基体和玻璃纤维的热膨胀系数不同，导致试样的力学性能下降。其中，三轴向复合材料90°方向拉伸时，曲线初始阶段斜率较大，其后明显减小，主要原因是沿拉伸方向没有纤维增强体，拉伸初始阶段，由树脂承担主要载荷，随着载荷的增加，树脂开裂，±45°纤维逐渐承担部分载荷，导致斜率明显减小。

6.2.3 拉伸性能对比

三轴向、四轴向经编复合材料沿不同方向在不同温度下的拉伸性能参数见表6-2和表6-3，其拉伸性能对比如图6-4所示。由数据可知，在 -30 ~ 40 ℃，随着温度的升高，拉伸强度下降，三轴向复合材料试样沿三个方向变化率分别为 11.50%、13.61% 和 14.18%；四轴向复合材料沿三个方向的变化率分别为 18.13%、17.52% 和 12.62%；随着温度的升高，泊松比不断增大。低温下，基体收缩，加强了基体与纤维之间的结合力，提高了界面结合强度，拉伸性能增强；高温下，基体受热软化，使得复合材料的整体性降低，由于纤维承担主要载荷，而基体传递和分散载荷的能力降低，导致复合材料拉伸性能下降。四轴向复合材料所用纱线为 600 tex 和 300 tex，纱线较细，层数多，与树脂的接触面积更大，因此，其拉伸强度受温度影响较大。

表6-2　不同温度下三轴向经编复合材料拉伸性能参数

方向	温度 /℃	载荷 /kN	拉伸强度 /MPa	拉伸模量 /GPa	泊松比	当量强度 /MPa	变化 /%	当量模量 /GPa	变化 /%
0°	−30	41.31	614.15	11.14	0.57	488.89	—	8.87	—
	0	40.50	602.07	10.52	0.59	479.27	1.97 ↓	8.37	5.64 ↓
	20	38.38	570.48	10.48	0.60	454.12	7.11 ↓	8.34	5.98 ↓
	40	36.56	543.53	5.71	0.64	432.67	11.50 ↓	4.55	48.70 ↓
90°	−30	6.66	99.93	7.49	0.31	79.55	—	5.96	—
	0	6.44	96.65	7.95	0.32	76.94	3.28 ↓	6.33	6.21 ↑
	20	6.06	91.02	9.24	0.33	72.46	8.91 ↓	7.36	23.49 ↑
	40	5.75	86.33	6.49	0.35	68.72	13.61 ↓	5.17	13.26 ↓
45°	−30	17.41	266.02	4.42	0.17	211.76	—	3.52	—
	0	15.94	243.57	5.27	0.19	193.89	8.44 ↓	4.20	19.32 ↑
	20	15.44	235.93	5.33	0.20	187.81	11.31 ↓	4.24	20.45 ↑
	40	14.94	228.29	3.95	0.22	181.73	14.18 ↓	3.14	10.80 ↓

表 6-3　不同温度下四轴向经编复合材料拉伸性能参数

方向	温度 /℃	载荷 /kN	拉伸强度 /MPa	拉伸模量 /GPa	泊松比	当量强度 /MPa	变化 /%	当量模量 /GPa	变化 /%
0°	−30	24.13	359.56	7.71	0.41	329.00	—	7.05	—
	0	23.34	347.92	7.15	0.42	318.35	3.24 ↓	6.54	7.23 ↓
	20	22.00	327.89	7.11	0.42	300.02	8.81 ↓	6.51	7.66 ↓
	40	19.75	294.36	6.61	0.44	269.34	18.1 ↓	6.05	14.18 ↓
90°	−30	18.19	269.66	4.49	0.43	246.74	—	4.11	—
	0	17.38	257.61	4.71	0.44	235.71	4.47 ↓	4.31	4.87 ↑
	20	16.75	249.27	6.95	0.44	228.08	7.56 ↓	6.36	54.74 ↑
	40	15.00	222.40	4.71	0.45	203.50	17.5 ↓	4.31	4.87 ↓
45°	−30	20.31	296.06	4.18	0.34	270.90	—	3.82	—
	0	20.00	291.50	4.04	0.34	266.72	1.54 ↓	3.70	3.14 ↓
	20	19.50	284.22	6.13	0.36	260.06	4.00 ↓	5.61	46.86 ↑
	40	17.75	258.71	3.41	0.38	236.72	12.6 ↓	3.12	18.32 ↓

20 ℃时,两种复合材料拉伸模量最大,−30 ℃和 0 ℃时,拉伸模量略有降低,无明显变化,说明在此温度范围内,温度对模量无影响;40 ℃时,拉伸模量明显降低,三轴向试样沿三个方向分别降低了36.28%、29.01% 和 18.69%,四轴向试样沿三个方向则分别降低了30.82%、31.54% 和38.60%。高温使基体软化,导致试样随载荷增加而形变增大,模量降低。

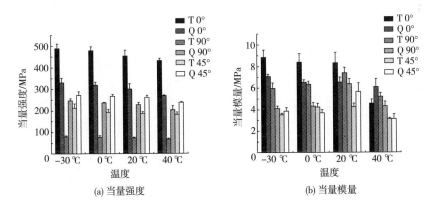

图 6-4　三轴向和四轴向经编复合材料在不同温度下拉伸性能对比

三轴向、四轴向复合材料失效应变—温度曲线如图 6-5 所示,可以看出,

当温度从 –30 ℃变化到 40 ℃时，失效位移均呈先减小后增大的趋势，20 ℃时，试样的失效应变最小。低温时，虽然基体收缩，但强度增加，随着载荷的不断增加，应变也随着增大；高温时，基体软化，塑性降低，应变增加。在常温下，复合材料试样的刚性最佳。

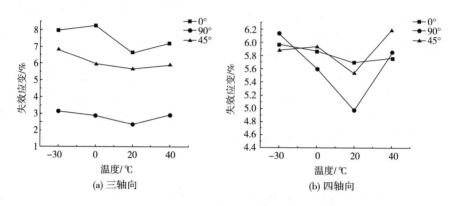

图 6-5 三轴向和四轴向复合材料失效应变—温度曲线

6.2.4 非线性拟合曲线

拟合曲线是回归分析的一种方法，通过适当的数学模型将变量间的关系表达出来，进而通过自变量的取值预测因变量的变化。随着环境温度的变化，复合材料的拉伸强度也发生了相应的变化。根据实验所得数据，通过非线性拟合，得到两种试样的拉伸强度 F 与温度 T 之间的函数关系，根据温度变化得到相应的复合材料强度值。非线性拟合模型可以减少实验费用和时间，为计算不同温度下复合材料的拉伸强度提供理论支持。两种增强体复合材料拉伸强度—温度拟合曲线如图 6-6 所示。

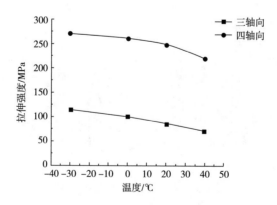

图 6-6 拉伸强度—温度拟合曲线

拟合函数见式（6-1）和式（6-2），拟合曲线相关参数见表 6-4。

$$三轴向：F_{(t)} = y_0 - 55.189e^{0.01t} \qquad (6-1)$$

$$四轴向：F_{(t)} = y_0 - 12.256e^{0.037t} \qquad (6-2)$$

表 6-4　拟合曲线相关参数

增强体结构	y_0		R^2
三轴向	0°	644.012	0.987
	90°	154.937	
	45°	304.907	
四轴向	0°	356.289	0.997
	90°	273.591	
	45°	306.479	

由图 6-6 可知，三轴向、四轴向复合材料拉伸性能随温度变化具有指数函数变化规律。不同温度下，两种增强体复合材料沿 0°、90° 和 45° 方向的拉伸强度随温度变化具有相近的规律，只是初始值 y_0 不同。基于表 6-4 拟合结果，在 -30 ~ 40 ℃，代入温度值，可根据公式估算出三轴向、四轴向复合材料沿不同方向的拉伸强度，从而可以节省时间和实验费用。

6.2.5　失效形态分析

三轴向、四轴向复合材料沿 0° 方向拉伸断裂形态如图 6-7 和图 6-8 所示，采用高倍显微镜（BC1000）拍摄。对比拉伸试样在不同温度下的断裂形态，基于试样断裂形貌特征分析复合材料拉伸性能的温度效应。

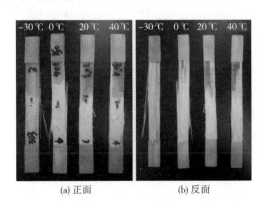

(a) 正面　　　　　　(b) 反面

图 6-7　三轴向复合材料 0° 方向拉伸试样断裂形态

由图 6-7(a) 和 (b) 可以看出，三轴向复合材料沿 0° 方向拉伸呈"爆炸式"

破坏，主要因为沿 0° 方向拉伸，90° 方向没有纱线，试样并没有完全断裂，试样分层现象严重。三轴向织物沿 0° 方向纱线线密度为 2400 tex，沿 ±45° 方向纱线线密度为 600 tex，试样正面有沿 ±45° 方向断裂层。温度越低，炸裂现象越明显，–30 ℃和 0 ℃时白色失效区域几乎贯穿整个拉伸有效长度，断裂纤维越多，说明充分发挥其力学性能的纤维越多，力学性能越好。反之，20 ℃和 40 ℃时的白色失效区域较小，拉伸性能下降。

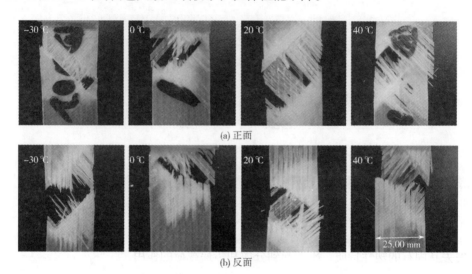

图 6-8 四轴向复合材料 0° 方向拉伸试样断裂形态

　　由图 6-8（a）和（b）可知，不同温度下，四轴向经编复合材料试样沿 0° 方向拉伸断裂形态整体一致，沿 45° 方向出现不同程度的断裂失效，试样的反面最外层纤维与拉伸方向一致，沿拉伸方向出现明显的纤维抽拔现象。–30 ℃和 0 ℃时，材料的破坏截面较为整齐，白色分层失效区域较小，纤维抽拔现象不明显；20 ℃和 40 ℃时，材料破坏较为严重，失效区域较大，分层现象明显，最外层纤维抽拔、脱粘严重。由此可知，温度越低，基体与纤维的界面结合力越好。

　　采用扫描电镜观察试样在不同温度下的断裂截面，从微观尺度分析温度对拉伸性能的影响，断裂截面处纤维 / 基体脱粘表面如图 6-9 所示。

　　图 6-9 为试样断裂处纤维脱粘表面，从纤维形态及与基体的结合情况观察温度对拉伸性能的影响。由图可知，–30 ℃时，基体无明显破碎现象，断裂处纤维被基体紧紧包裹，单根纱线独立存在，纤维与基体结合得更充分，每根纱线更能充分发挥其力学性能，纤维表面并不是特别光滑，有不同程度的凹陷现象，纤维表面有轻微破坏，说明低温下基体收缩，纤维表面轻微凹陷，使得纤维与基体的结合力更强；0 ℃时，纤维表面光滑，少量纤维脱离基体包裹，断口处出现少量的纤维与基体断裂残渣；20 ℃时，纤维以纤维束为整体，与基体的结合

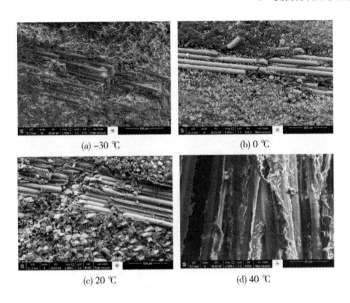

(a) −30 ℃   (b) 0 ℃

(c) 20 ℃   (d) 40 ℃

图 6-9   不同温度下纱线断裂 SEM 形貌图

明显减弱，纤维断裂整齐，纤维与基体的完整性较好，刚性最佳；40 ℃时，断裂处纤维抽拔，单根纤维独立存在，基体软化、粘连、包裹在纤维表面，基体失去其固有的塑性特质，不能起到分散和传递载荷的作用，拉伸性能明显降低。

6.3   弯曲性能

6.3.1   实验方法

选取尺寸标准、平整、无明显缺陷的试样，分别在 −30 ℃、0 ℃、20 ℃和 40 ℃条件下在日本岛津 AG-250kNE 万能试验机上测试试样弯曲性能，具体温度条件同前。

将支座调整至规定的跨距，且保证两支座基于上压头中心线对称。试样放在支座上，试样中心距离两支座的距离相等，上压头与试样处于接触且未受力状态。

低温装置和高温装置分别采用上压头和支座运动的形式加载弯曲试样，加载速率为 1 mm/min，记录实验过程中载荷和位移的变化。

6.3.2   应力—应变曲线

三轴向和四轴向复合材料沿 0°、90°和 45°方向在不同温度下的弯曲应力—应变曲线如图 6-10 所示。

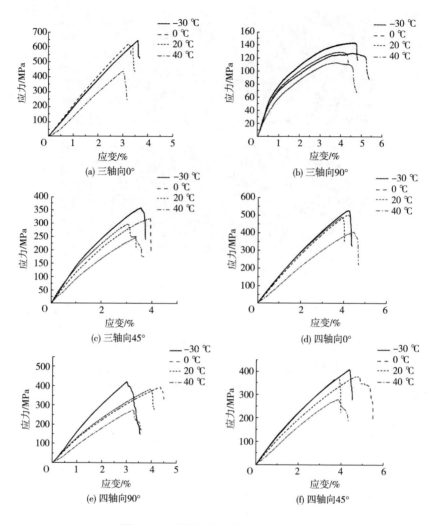

图6-10　不同温度下应力—应变曲线

　　由图6-10可知，曲线总体趋势一致，随着应力的不断增加，应变也不断变大，呈线性相关。只有三轴向90°方向呈非线性相关，随着应变的增加，曲线斜率不断降低，因为三轴向复合材料试样在90°方向上没有纤维，初始阶段载荷主要由基体承担，随着基体的断裂，±45°方向纤维起到辅助支撑的作用，±45°方向纤维只有一侧被固定，纤维没有发生明显的断裂失效，因此，没有试样急剧断裂失效的过程。在-30~40℃，随着温度的升高，最大应力不断下降；低温和室温条件下，温度变化不大，高温时，强度明显降低。-30℃时，应力达到最大，会出现曲折波动，随后断裂试样失效，脆性断裂增强。

6.3.3 弯曲性能对比

在不同温度下，三轴向、四轴向经编增强复合材料沿不同方向的弯曲性能见表 6-5、表 6-6 和图 6-11。由此可知，随着温度的升高，弯曲强度不断下降，与 –30 ℃相比，20 ℃条件下三轴向试样的弯曲强度分别下降了 4.59%、11.11%、17.11%，四轴向试样则分别下降了 6.61%、8.84%、8.29%；40 ℃条件下，三轴向试样分别降低了 31.34%、20.99%、30.98%，四轴向试样则分别降低了 22.52%、34.29% 和 31.15%，说明超过室温后，继续升温对试样的弯曲强度有明显的影响。

弯曲模量的变化规律与强度相似，在 –30 ~ 20 ℃变化不大，无明显增长或降低趋势，40 ℃时明显降低，与 –30 ℃时相比，三轴向试样的弯曲模量分别降低了 47.13%、16.26%、31.74%，四轴向试样则分别降低了 35.86%、43.14% 和 37.69%。

低温条件下，环氧树脂聚合物分子链流动性降低，分子之间结合更紧密，导致基体强度增加；而且玻璃纤维的横向收缩要小于环氧树脂的横向收缩，导致纤维与树脂界面摩擦力增大，界面强度增加，弯曲性能增强。高温条件下，加速聚合物分子链的运动，结合不紧密。同时，玻璃纤维的热膨胀大于环氧树脂，基体被破坏且界面结合力变弱，弯曲性能降低。

表 6-5　不同温度下三轴向经编复合材料弯曲性能参数

方向	温度 / ℃	载荷 /N	弯曲强度 / MPa	弯曲模量 / GPa	当量强度 / MPa	当量强度 变化 /%	当量模量 / GPa	当量模量 变化 /%
0°	–30	939.38	644.73	18.61	513.23	—	14.82	—
	0	903.75	620.28	19.72	493.77	3.79 ↓	15.69	5.87 ↑
	20	896.25	615.13	18.35	489.67	4.59 ↓	14.61	1.42 ↓
	40	630.00	442.69	9.84	352.40	31.34 ↓	7.83	47.17 ↓
90°	–30	208.13	146.86	10.64	116.91	—	8.47	—
	0	187.50	132.31	10.89	105.32	9.91 ↓	8.67	2.36 ↑
	20	185.00	130.54	9.88	103.91	11.12 ↓	7.86	7.20 ↓
	40	160.63	116.04	8.91	92.37	20.99 ↓	7.09	16.29 ↓
45°	–30	496.88	359.28	14.84	286.00	—	11.81	—
	0	442.50	319.96	12.83	254.70	10.94 ↓	10.22	13.46 ↓
	20	411.88	297.82	16.70	237.08	17.10 ↓	13.30	12.62 ↑
	40	335.00	248.00	10.13	197.42	30.97 ↓	8.06	31.75 ↓

表6-6　不同温度下四轴向经编复合材料弯曲性能参数

方向	温度/℃	载荷/N	弯曲强度/MPa	弯曲模量/GPa	当量强度/MPa	当量强度变化/%	当量模量/GPa	当量模量变化/%
0°	−30	755.63	527.68	14.92	482.83	—	13.65	—
	0	719.38	502.37	13.22	459.67	4.80 ↓	12.10	11.36 ↓
	20	705.63	492.77	15.66	450.89	6.62 ↓	14.33	4.98 ↑
	40	571.88	408.87	9.57	374.12	22.52 ↓	8.75	35.90 ↓
90°	−30	586.88	422.45	14.58	386.54	—	13.34	—
	0	550.00	395.90	13.11	362.25	6.28 ↓	11.99	10.12 ↓
	20	535.00	385.11	13.93	352.38	8.84 ↓	12.75	4.42 ↓
	40	385.63	277.58	8.29	253.99	34.29 ↓	7.58	43.18 ↓
45°	−30	641.25	407.43	12.63	372.80	—	11.56	—
	0	596.25	378.84	10.74	346.64	7.02 ↓	9.83	14.97 ↓
	20	588.13	373.67	11.70	341.91	8.29 ↓	10.70	7.44 ↓
	40	431.25	280.53	7.87	256.69	31.15 ↓	7.20	37.72 ↓

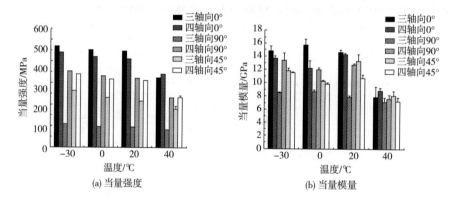

(a) 当量强度　　　(b) 当量模量

图6-11　三轴向和四轴向经编复合材料在不同温度下弯曲性能对比

6.3.4　非线性拟合曲线

随着环境温度的变化，复合材料的弯曲强度也发生了相应的变化。根据实验所得数据，通过非线性拟合，得到两种试样的弯曲强度 F 与温度 T 之间的函数关系，可根据温度变化得到相应的复合材料强度值，进而减少实验费用和时间，为计算不同温度下复合材料的弯曲强度提供理论支持。两种增强体的弯曲强度—温度拟合曲线如图6-12所示。

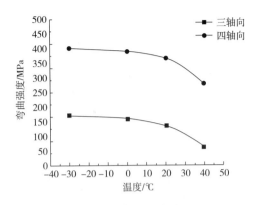

图 6-12 弯曲强度—温度拟合曲线

拟合函数见式（6-3）、式（6-4）。

$$三轴向：F_{(t)} = y_0 - 45.080e^{0.015t} \qquad （6-3）$$

$$四轴向：F_{(t)} = y_0 - 32.729e^{0.023t} \qquad （6-4）$$

由图 6-12 可知，三轴向、四轴向复合材料弯曲性能随温度变化具有指数函数变化规律。不同温度下，两种增强体复合材料沿 0°、90° 和 45° 方向的弯曲强度随温度变化具有相近的规律，只是初始值 y_0 不同。基于表 6-7 拟合结果，在 –30 ~ 40 ℃代入温度值，可根据公式估算出三轴向、四轴向复合材料沿不同方向的弯曲强度，从而可以节省时间和实验费用。

133

表 6-7   拟合曲线相关参数

名称	y_0		R^2
三轴向	0°	622.506	0.934
	90°	173.236	
	45°	348.064	
四轴向	0°	525.993	0.936
	90°	413.331	
	45°	403.188	

6.3.5 失效形态分析

通过高倍显微镜拍摄三轴向复合材料在 45° 方向以及不同温度下的弯曲失效图片（图 6-13），根据试样上表面（压缩表面）和下表面（拉伸表面）的破坏形态，从宏观角度分析复合材料弯曲失效的温度效应。

由图 6-13 可知，失效形态集中在上压头压缩位置，压缩表面和拉伸表面均有不同程度的损伤，沿45°方向有轻微分层现象。温度越低，损伤越严重，随着温度不断升高，白色失效区域明显减少，白色变浅。40℃时，只有轻微白色失效痕迹。从侧面观察，−30℃、0℃和20℃时，试样分层失效，部分纱线沿45°方向断裂。随着温度升高，分层现象明显减弱，20℃时的分层现象好于−30℃时；40℃时，基体软化，刚性减弱，从外表看几乎没有分层现象。

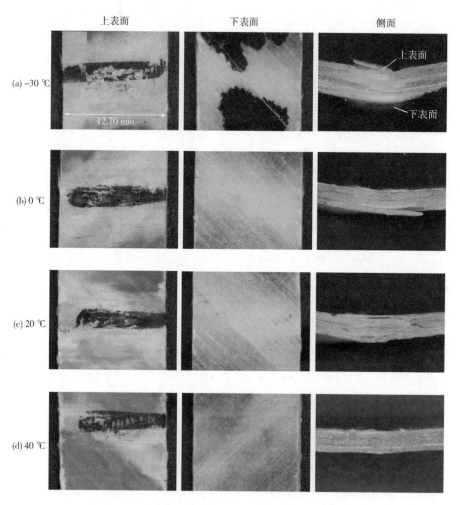

图6-13　三轴向复合材料45°方向弯曲试样失效形态

采用扫描电镜观察试样在不同温度下的弯曲断裂截面，从微观尺度分析温度对弯曲性能的影响，纤维断裂截面如图6-14所示。

从纤维的断裂及与基体的结合情况观察温度对弯曲性能的影响。由图6-14

(a) -30 ℃

(b) 0 ℃

(c) 20 ℃

(d) 40 ℃

图 6-14　不同温度下纱线断裂截面 SEM 图

可知，-30 ℃和 0 ℃时，纤维与基体结合较为紧密，结合力较强，纤维断裂整齐，断裂处有大量基体碎屑，说明基体发生塑性断裂；20 ℃时，基体塑性减弱，纤维出现参差不齐现象，纤维表面光滑；40 ℃时，纤维抽拔现象明显，大量纤维束脱离基体，纤维表面粘连软化的基体，基体在此温度下失效，不能起到约束增强体的作用。

6.4　压缩性能

6.4.1　实验方法

　　选取尺寸标准、平整、无明显缺陷的试样，在岛津 AG-250kNE 万能试验机上分别测试 -30 ℃、0 ℃、20 ℃和 40 ℃条件下试样的压缩性能。首先，调节 ROSENYI 高低温试验箱至所需温度，然后放入复合材料试样，20 min 后，取出试样立即进行实验。将试样放在联合加载试验卡具中，保证试样端面和卡具端面在同一平面上，紧固螺栓使试样与卡具不会发生滑动，将卡具放置在试验机下压盘上，连接应变片与应变仪，上压头尽量接触联合卡具但不发生接触，先采集应变数据，然后以 1.3 mm/min 速率开始压缩测试，持续记录横向与纵向的应变变化、载荷值及位移变化。

6.4.2 应力—应变曲线

不同温度下,三轴向和四轴向复合材料沿 0°、90° 和 45° 方向压缩应力—应变曲线如图 6-15 所示。

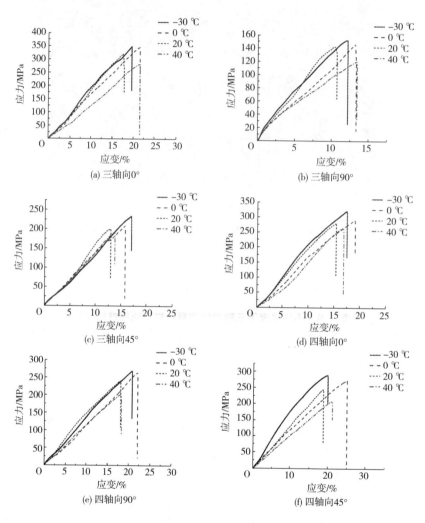

图6-15 不同温度下三轴向和四轴向复合材料沿三个方向的应力—应变曲线

由图 6-15 可知,多轴向经编复合材料的压缩性质具有明显的温度效应,随着温度的升高,最大应力不断降低。压缩初始阶段主要由基体承担载荷,呈弹性段,线性相关,不同温度下模量相似;随着载荷的增加,出现基体碎裂,基体/纤维界面结合力承担主要载荷,曲线斜率发生变化,呈塑性增长,切向模量差异较大,直到出现较大的纤维断裂声,试样完全断裂失效,曲线迅速下降。20 ℃时,试样沿各个方向的失效应变最小。

6.4.3　压缩性能对比

不同温度下，三轴向、四轴向复合材料沿不同方向压缩性能参数见表 6-8、表 6-9 和图 6-16。由数据可知，随着温度的升高，压缩强度和压缩模量均不断降低。随着温度的升高，三轴向试样在三个方向上的压缩强度分别降低了 18.65%、20.47%、16.31%；四轴向试样在三个方向上的压缩强度分别降低了 16.93%、24.67% 和 26.95%；三轴向试样在三个方向上的压缩模量分别降低了 28.96%、5.62%、10.89%；四轴向试样在三个方向上的压缩模量分别降低了 31.39%、26.82% 和 26.18%；随着温度升高，泊松比也不断降低。三轴向试样 0° 方向纱线为 3 层 2400 tex，四轴向试样 0° 方向纱线为 4 层 600 tex，压缩强度并没有显著差异，说明压缩测试与拉伸测试有本质不同，纤维并不是承载主体，外加载荷主要由基体及基体 / 纤维界面结合力承担。三轴向复合材料试样沿不同方向压缩模量和压缩强度变化不如四轴向复合材料明显，可见，相对于基体，基体 / 纤维界面结合力在压缩过程中承担主要载荷。

压缩过程中，初始阶段由基体承担载荷，随着基体的脆裂，基体 / 纤维界面承担主要载荷。低温条件下，基体收缩，脆性增强，基体 / 纤维界面摩擦力增大；高温条件下，基体软化，且玻璃纤维的热膨胀系数要大于基体，结合面基体被破坏，承担力学性能也随之降低。

表 6-8　不同温度下三轴向经编复合材料压缩性能参数

方向	温度 /℃	载荷 /kN	压缩强度 /MPa	压缩模量 /GPa	泊松比	当量强度 /MPa	变化 /%	当量模量 /GPa	变化 /%
0°	−30	12.06	353.61	18.75	0.63	281.49	—	14.93	—
	0	11.94	349.94	18.30	0.59	278.57	−1.04	14.57	−2.41
	20	11.06	324.29	17.27	0.54	258.15	−8.29	13.75	−7.90
	40	9.80	287.65	13.32	0.45	228.98	−18.65	10.60	−29.00
90°	−30	5.34	154.75	19.74	0.36	123.19	—	15.71	—
	0	5.16	149.32	19.41	0.33	118.86	−3.51	15.45	−1.65
	20	5.00	144.79	18.79	0.33	115.26	−6.44	14.95	−4.84
	40	4.25	123.08	18.63	0.32	97.98	−20.46	14.83	−5.60
45°	−30	8.19	235.31	16.90	0.32	201.64	—	13.45	—
	0	7.31	210.16	16.68	0.28	167.30	−17.03	13.28	−1.26
	20	7.00	201.18	15.21	0.23	160.15	−20.58	12.11	−9.96
	40	6.75	194.00	15.06	0.22	154.43	−23.41	11.99	−10.86

表 6-9　不同温度下四轴向经编复合材料压缩性能参数

方向	温度/℃	载荷/kN	压缩强度/MPa	压缩模量/GPa	泊松比	当量强度/MPa	变化/%	当量模量/GPa	变化/%
0°	−30	11.81	322.15	17.81	0.40	294.77	—	16.30	—
	0	10.75	293.17	16.37	0.37	268.25	−9.00	14.98	−8.10
	20	10.38	282.94	15.99	0.35	258.89	−12.17	14.63	−10.25
	40	9.81	267.60	12.22	0.33	244.86	−16.93	11.18	−31.41
90°	−30	9.63	269.75	17.04	0.63	246.82	—	15.60	—
	0	9.50	266.25	13.35	0.56	243.62	−1.30	12.22	−21.67
	20	8.69	243.48	12.84	0.47	222.79	−9.74	11.75	−24.68
	40	7.25	203.19	12.47	0.42	185.92	−24.67	11.41	−26.86
45°	−30	10.44	288.80	15.66	0.35	264.25	—	14.33	—
	0	9.94	274.97	15.20	0.33	251.60	−4.79	13.91	−2.93
	20	8.88	245.57	12.55	0.33	224.70	−14.97	11.48	−19.89
	40	7.63	210.98	11.56	0.32	193.05	−26.94	10.58	−26.17

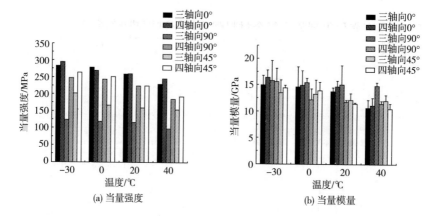

图 6-16　三轴向和四轴向经编复合材料不同温度下在三个方向上压缩性能对比

　　三轴向、四轴向复合材料压缩失效应变—温度曲线如图 6-17 所示，可以看出，20 ℃时，试样的失效应变最小。低温时，压缩性能提高，但随着载荷的不断增加，应变也不断增大；高温时，基体软化，塑性降低，刚性不断下降。但四轴向复合材料在 0 ℃时的失效位移大于 −30 ℃时的情况，由于四轴向经编织物的特殊结构，四个方向都有纱线，因此，沿各个方向的强度都比较平均，在 0 ℃条件下，试样基体收缩，与纤维之间的结合力增大；与 −30 ℃下的压缩强度相差不大，但基体脆性还不明显，因此，失效位移增大。在常温下，复合材料试样的刚性最佳。

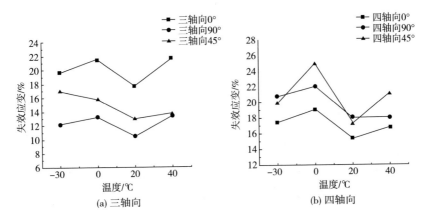

图 6-17　三轴向和四轴向复合材料失效应变—温度曲线

6.4.4　非线性拟合曲线

随着环境温度变化，复合材料的压缩强度也发生了相应变化。根据实验所得数据，通过非线性拟合，得到两种试样的压缩强度 F 与温度 T 之间的函数关系，可根据温度变化得到相应复合材料强度值，进而减少实验费用和时间，为计算不同温度下复合材料压缩强度提供理论支持。两种增强体压缩强度—温度拟合曲线如图 6-18 所示。

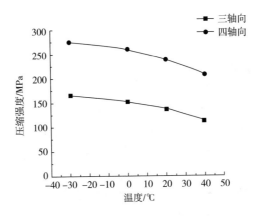

图 6-18　压缩强度—温度拟合曲线

拟合函数见式（6-5）和式（6-6）拟合曲线相关参数见表 6-10。

$$三轴向：F_{(t)} = y_0 - 13.741 e^{0.052t} \tag{6-5}$$

$$四轴向：F_{(t)} = y_0 - 10.351e^{0.062t} \qquad （6-6）$$

表6-10　拟合曲线相关参数

名称		y_0	R^2
三轴向	0°	382.698	0.995
	90°	196.810	
	45°	268.488	
四轴向	0°	337.505	0.999
	90°	291.707	
	45°	301.120	

由图6-18可知，三轴向、四轴向复合材料压缩性能随温度变化具有指数函数变化规律。不同温度下，两种增强体复合材料沿0°、90°和45°方向的压缩强度随温度变化具有相近的规律，只是初始值y_0不同。基于表6-10的拟合结果，在−30～40℃内代入温度值，可根据公式估算出三轴向、四轴向复合材料沿不同方向的压缩强度，从而可以节省时间和实验费用。

6.4.5　失效形态分析

不同温度下，四轴向经编复合材料沿0°方向正面、反面和侧面的压缩失效形态如图6-19所示。通过高倍显微镜拍摄，对比失效形态差异，从宏观上分析复合材料压缩性能的温度效应。

由图6-19可知，不同温度下，四轴向经编复合材料沿0°方向具有相近的失效形态，纤维断裂同时伴随着分层失效。压缩试样最外层纱线为0°方向时，与压缩方向一致，受到载荷作用，试样沿着纤维方向向外分层断裂；最外层纱线为45°方向时，与受力方向不同，0°方向纤维发生断裂，最外层纱线与树脂为一个整体，无明显向外分层现象，故出现明显的白色失效区域。随着温度升高，白色区域变大，分层失效严重，40℃时，纤维断裂呈"炸裂式"，从宏观来看，压缩试样温度效应的失效形态正好与拉伸相反。

采用扫描电镜观察试样在不同温度下的断裂截面，从微观尺度分析温度对压缩性能的影响，纤维脱粘表面如图6-20所示。

从纤维形态及与基体的结合情况观察温度对压缩性能的影响。由图6-20可知，−30℃时，基体塑性特征明显，碎裂严重，压缩强度增加，纤维承担载荷较大，断裂严重，单根纤维出现多处断裂；0℃时，断裂形态与−30℃时相似，基体与纤维结合较好，基体塑性断裂，但纤维破坏情况减弱；20℃时，基

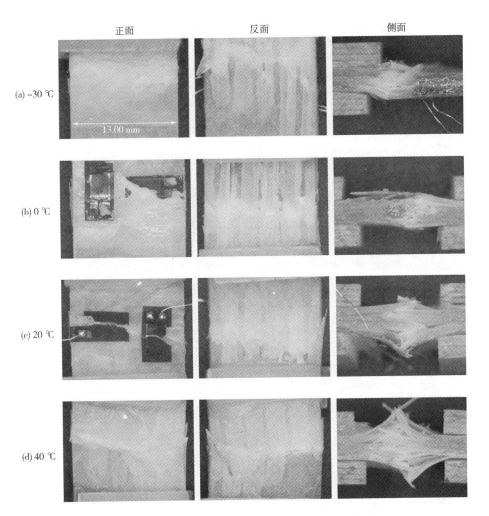

图 6-19 四轴向复合材料沿 0° 方向压缩试样失效形态

体塑性减弱，断裂处没有纤维和基体碎屑，纤维表面无明显断裂现象，基体和纤维完整度较好，说明 20 ℃时，试样变形最小，刚性最佳；40 ℃时，明显看出纤维出现扭曲，部分纤维脱离基体，在此温度下，基体软化韧性增加，随着压缩载荷的增加，基体和纤维形变增加，进而发生纤维扭曲现象，直到纤维断裂失效。

(a) 30 ℃   (b) 0 ℃

(c) 20 ℃   (d) 40℃

图 6-20　不同温度下纱线断裂 SEM 形貌图

7 纺织复合材料有限元模拟

复合材料应用有限元模拟技术主要用于对材料的强度、疲劳寿命、截面特性以及稳定性的模拟。通过对复合材料的细观模型简化，将复合材料等效为层合板，并应用层合板细观力学进行分析。

7.1 双轴向经编复合材料拉伸性能有限元模拟

7.1.1 双轴向经编复合材料细观模型简化

本节以双轴向经编复合材料为研究对象，将复合材料等效为层合板，并应用层合板细观力学对材料进行分析。在复合材料中将经编纱的力学性能赋予到基体上，因而复合材料等效为经纬纱系统及"基体"系统，接着进行前处理及网格划分。通过 Abaqus 求解器计算得到拉伸应力—应变结果，并与实验结果进行对比。

7.1.2 FE 模型建立

在建立双轴向经编织物时，对衬经纱和衬纬纱做如下假设。
（1）假设纱线系统的截面为矩形。
（2）纱线间均匀排列，并且存在一定的空隙可以使基体注入。
（3）假设纱线与基体间直接接触，二者之间无相对滑移。
（4）同时考虑复合材料中孔隙的存在。

双轴向经编复合材料经同向四层铺层后再与树脂相结合，将经编纱的力学性能贡献到树脂上，并将二者等效为单向复合材料，因此，模型简化为衬经、衬纬系统和树脂基体系统。基体被视为非各向同性材料，纤维被看作是横观各向同性。

7.1.3 单向复合材料弹性参数的确定

复合材料的细观理论认为单向复合材料在受轴向拉伸中仅产生相应的内应力，且纤维及基体产生的内应力相等，轴向应变也相等。

通过分析单向复合材料在载荷作用下的力学性能，可以得到单向复合材料沿主轴方向的强度参数以及刚度参数。在参数确定过程中，选取特征体单元进行分析，并假设纤维与树脂具有相同的厚度。

7.1.3.1 轴向模量 E_{11}

将轴向应力作用于代表体积单元计算纵向单向板的弹性模量，特征体单元如图 7–1 所示。

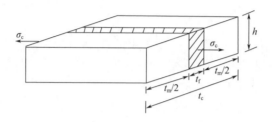

图 7–1 特征体单元轴向受力示意图

其中：

$$F_c = F_f + F_m \tag{7-1}$$

$$F_c = E_{11} \cdot \varepsilon_c \cdot A_c \; ; \; F_f = E_f \cdot \varepsilon_f \cdot A_f \; ; \; F_m = E_m \cdot \varepsilon_m \cdot A_m \tag{7-2}$$

$$E_{11} \cdot \varepsilon_c \cdot A_c = E_f \cdot \varepsilon_f \cdot A_f + E_m \cdot \varepsilon_m \cdot A_m \; ; \; 且有 \; \varepsilon_c = \varepsilon_f = \varepsilon_m \tag{7-3}$$

则有：

$$E_{11} = E_f V_f + E_m V_m \tag{7-4}$$

式中：c、f、m 分别表示复合材料、纤维及基体；F 表示受力；E 表示弹性模量；V 表示体积分数；下标 11 表示沿轴向。

7.1.3.2 横向模量 E_{22}

特征体单元受横向拉伸力，采用相似的矩形体抽象法，特征体单元如图 7–2 所示。

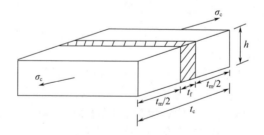

图 7–2 特征体单元横向受力示意图

其中：

$$\Delta c = \Delta f + \Delta m \tag{7-5}$$

$$\Delta c = t_c \cdot \varepsilon_c, \; 同理有 \; \Delta f = t_f \cdot \varepsilon_f, \; \Delta m = t_m \cdot \varepsilon_m \tag{7-6}$$

$$\varepsilon_c = \frac{\sigma_c}{E_{22}}, \; 同理有 \; \varepsilon_f = \frac{\sigma_f}{E_f}, \; \varepsilon_m = \frac{\sigma_m}{E_m} \tag{7-7}$$

则有：

$$\frac{1}{E_{22}} = \frac{V_{f22}}{E_{f22}} + \frac{V_m}{E_m}, \quad 即 \quad E_{22} = \frac{E_{f22}E_m}{V_{f22}E_m + V_m E_{f22}} \quad （7-8）$$

式中：σ_c、σ_f、σ_m 分别代表复合材料、纤维、基体中的应力；Δc、Δf 和 Δm 分别表示复合材料、纤维和基体的横向伸长。

7.1.3.3 主泊松比 ν_{12}

单向板在纤维方向受力拉伸，主泊松比 $\nu_{12} = -\dfrac{\varepsilon_2}{\varepsilon_1}$，仍以矩形块代表纤维和基体。纵向拉伸时，横向变形是纤维和基体变形之和。如图 7-3 所示，对特征体单元施加纵向应力以计算特征体单元的泊松比。

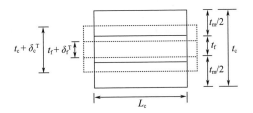

图 7-3　特征体单元受力俯视图

其中：

$$\delta_c^T = \delta_f^T + \delta_m^T \quad （7-9）$$

所以应变：

$$\varepsilon_f^T = \frac{\delta_f^T}{t_f}, \quad 同理 \quad \varepsilon_m^T = \frac{\delta_m^T}{t_m}, \quad \varepsilon_c^T = \frac{\delta_c^T}{t_c} \quad （7-10）$$

则有：

$$\nu_{12} = V_f \frac{t_f}{t_c} + V_m \frac{t_m}{t_c} = V_f \cdot \nu_f + V_m \cdot \nu_m \quad （7-11）$$

同理：

$$\nu_{13} = V_f \nu_{f12} + V_m \nu_m \quad （7-12）$$

$$\nu_{23} = V_f \nu_{f22} + V_m \nu_m \quad （7-13）$$

式中：ε_f、ε_m、ε_c 分别代表纤维、基体以及复合材料的应变。

7.1.3.4 面内剪切模量 G_{12}

对特征体单元施加面内剪切力，如图 7-4 所示。

则有剪切变形：

$$\delta_c = \delta_f + \delta_m, \quad \delta_c = \gamma_c \cdot t_c, \quad \delta_f = \gamma_f \cdot t_f, \quad \delta_m = \gamma_m \cdot t_m \quad （7-14）$$

$$\frac{\tau_c}{G_{12}} \cdot t_c = \frac{\tau_f}{G_f} \cdot t_f + \frac{\tau_m}{G_m} \cdot t_m, \quad 因为 \quad \tau_c = \tau_f = \tau_m \quad （7-15）$$

则有：

$$\frac{1}{G_{12}} = \frac{V_{\mathrm{f}}}{G_{\mathrm{f}}} + \frac{V_{\mathrm{m}}}{G_{\mathrm{m}}} \quad 即\ G_{12} = \frac{G_{\mathrm{f}12}\,G_{\mathrm{m}}}{V_{\mathrm{f}}G_{\mathrm{m}} + V_{\mathrm{m}}G_{\mathrm{f}12}}$$ （7-16）

同理：

$$G_{13} = \frac{G_{\mathrm{f}13}\,G_{\mathrm{m}}}{V_{\mathrm{f}}G_{\mathrm{m}} + V_{\mathrm{m}}G_{\mathrm{f}13}}$$ （7-17）

$$G_{23} = \frac{G_{\mathrm{f}23}\,G_{\mathrm{m}}}{V_{\mathrm{f}}G_{\mathrm{m}} + V_{\mathrm{m}}G_{\mathrm{f}23}}$$ （7-18）

式中：τ 表示面内剪切强力；δ 表示剪切变形；γ 表示剪切应变；G 表示剪切模量。

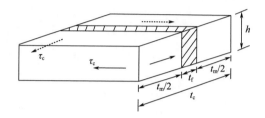

图 7-4　特征体单元受剪切力

7.1.3.5　单向板强度

单向板的强度参数：$(\sigma_{11}^{\mathrm{T}})_{\mathrm{ult}}$，$(\sigma_{11}^{\mathrm{C}})_{\mathrm{ult}}$，$(\sigma_{22}^{\mathrm{T}})_{\mathrm{ult}}$，$(\sigma_{22}^{\mathrm{C}})_{\mathrm{ult}}$，$(\tau_{12})_{\mathrm{ult}}$，$(\tau_{13})_{\mathrm{ult}}$，$(\tau_{23})_{\mathrm{ult}}$，其中强度预测远比刚度复杂。因为强度与材料、几何形状非均一性、纤维基体界面、制造工艺环境有极大的敏感性。其中，由于纤维承担复合材料中的大部分载荷，假设纤维在 $(\varepsilon_{\mathrm{f}})_{\mathrm{ult}}$ 断裂时，整个复合材料将断裂。

所以，复合材料的纵向拉伸强度为：

$$(\sigma_{11}^{\mathrm{T}})_{\mathrm{ult}} = (\sigma_{\mathrm{f}11}^{\mathrm{T}})_{\mathrm{ult}} V_{\mathrm{f}} + (\varepsilon_{\mathrm{f}11}^{\mathrm{T}})_{\mathrm{ult}} E_{\mathrm{m}}(1 - V_{\mathrm{f}})$$ （7-19）

式中：^{T} 表示拉伸状态。

同理，纵向压缩强度为：

$$(\sigma_{11}^{\mathrm{C}})_{\mathrm{ult}} = (\sigma_{\mathrm{m}}^{\mathrm{C}})_{\mathrm{ult}} (V_{\mathrm{m}} + \frac{E_{\mathrm{f}11} V_{\mathrm{f}}}{E_{\mathrm{m}}})$$ （7-20）

式中：^{C} 表示压缩。

横向拉伸强度比较复杂，除纤维、基体本身性质外，还有很多因素，如纤维和基体的黏结强度、空洞的存在以及纤维和基体热膨胀不匹配导致的剩余应力也极重要。

横向拉伸强度为：

$$(\sigma_{22}^{\mathrm{T}})_{\mathrm{ult}} = E_{22} \cdot (\varepsilon_{22}^{\mathrm{T}})_{\mathrm{ult}}$$ （7-21）

其中，
$$(\varepsilon_{22}^{\mathrm{T}})_{\mathrm{ult}} = \left[\frac{d}{s}\frac{E_{\mathrm{m}}}{E_{\mathrm{f22}}} + \left(1-\frac{d}{s}\right)\right](\varepsilon_{\mathrm{m}}^{\mathrm{T}})_{\mathrm{ult}} \qquad (7-22)$$

代入式（7-21）可得横向拉伸强度为：

$$(\sigma_{22}^{\mathrm{T}})_{\mathrm{ult}} = \left[V_{\mathrm{f}}\frac{E_{\mathrm{m}}}{E_{\mathrm{f22}}} + V_{\mathrm{m}}\right]E_{22}(\varepsilon_{\mathrm{m22}}^{\mathrm{T}})_{\mathrm{ult}} \qquad (7-23)$$

式中：s、d 分别代表复合材料以及纤维截面宽度。

同理，可得横向压缩强度：

$$(\sigma_{22}^{\mathrm{C}})_{\mathrm{ult}} = E_{22} \cdot (\varepsilon_{22}^{\mathrm{C}})_{\mathrm{ult}} = \left[V_{\mathrm{f}}\frac{E_{\mathrm{m}}}{E_{\mathrm{f22}}} + V_{\mathrm{m}}\right]E_{22}(\varepsilon_{\mathrm{m22}}^{\mathrm{C}})_{\mathrm{ult}} \qquad (7-24)$$

纤维和基体面内剪切应变：

$$(\gamma_{12})_{\mathrm{c}} = \frac{d}{s}(\gamma_{12})_{\mathrm{f}} + \left(1-\frac{d}{s}\right)(\gamma_{12})_{\mathrm{m}} \qquad (7-25)$$

式中：$(\gamma_{12})_{\mathrm{c}}$、$(\gamma_{12})_{\mathrm{f}}$、$(\gamma_{12})_{\mathrm{m}}$ 分别表示复合材料、纤维、基体面内剪切应变。

由于纤维和基体的剪应力相等，所以：

$$(\gamma_{12})_{\mathrm{c}} = \left[\frac{d}{s}\frac{G_{\mathrm{m}}}{G_{\mathrm{f}}} + \left(1-\frac{d}{s}\right)\right](\gamma_{12})_{\mathrm{m}} \qquad (7-26)$$

如果假定复合材料破坏主要是由于基体破坏引起，那么：

$$(\gamma_{12})_{\mathrm{ult}} = G_{12} \cdot \left[\frac{d}{s}\frac{G_{\mathrm{m}}}{G_{\mathrm{f}}} + \left(1-\frac{d}{s}\right)\right](\gamma_{12})_{\mathrm{mult}} \ \text{即} \ (\gamma_{12})_{\mathrm{ult}} = G_{12} \cdot \left[V_{\mathrm{f}}\frac{G_{\mathrm{m}}}{G_{\mathrm{f}}} + V_{\mathrm{m}}\right](\gamma_{12})_{\mathrm{mult}} \qquad (7-27)$$

同理可知：

$$(\tau_{13})_{\mathrm{ult}} = G_{13} \cdot \left[V_{\mathrm{f}}\frac{G_{\mathrm{m}}}{G_{\mathrm{f13}}} + V_{\mathrm{m}}\right](\gamma_{13})_{\mathrm{mult}} \qquad (7-28)$$

$$(\tau_{23})_{\mathrm{ult}} = G_{23} \cdot \left[V_{\mathrm{f}}\frac{G_{\mathrm{m}}}{G_{\mathrm{f23}}} + V_{\mathrm{m}}\right](\gamma_{23})_{\mathrm{mult}} \qquad (7-29)$$

7.1.4　材料参数

环氧树脂的力学性能参数见表 7-1，0° 方向和 90° 方向纱线的力学性能参数见表 7-2。其中下标 11、22 表示坐标系的方向，下标 12、13、23 表示的是面，X_{T}、X_{C}、Y_{T}、Y_{C}、S_{S} 分别表示沿 X 方向的拉伸强力、沿 X 方向的压缩强力、沿 Y 方向的拉伸强力、沿 Y 方向的压缩强力以及面内剪切强力。

表 7-1　环氧树脂力学性能参数

材料	E/GPa	G/GPa	υ	$X_{\mathrm{T}}/\mathrm{MPa}$	$X_{\mathrm{C}}/\mathrm{MPa}$	$S_{\mathrm{S}}/\mathrm{MPa}$
环氧树脂	3.2	1.25	0.25	80	150	160

表 7-2　纱线力学性能参数

材料	密度 / (g · cm⁻³)	弹性模量 / GPa	断裂强度 / MPa	断裂伸长 / %	剪切模量 / GPa	泊松比 v
0° 方向纱线	2.56	30.0	1481	2.7	28.58	0.24
90° 方向纱线	2.56	26.2	1566	2.7	28.58	0.24

为简化建模，文中将经编纱对复合材料的作用等效成基体对复合材料的作用，即用加强基体对复合材料的作用来考虑经编纱的存在。这里主要是等效"基体"的力学性能，等效转化的原理是基于经编纱与基体的体积比及对应的力学性能。其中 V_m=43.4%，V_f=56.6%，将数值代入上节推导出的公式中，得到等效"基体"的刚度参数、强度参数分别见表 7-3、表 7-4。

表 7-3　等效"基体"的刚度参数

E_{11}/GPa	E_{22}/GPa	G_{12}/GPa	G_{13}/GPa	G_{23}/GPa	v_{12}	v_{23}	v_{13}
3.4	2.36	0.07	0.07	0.05	0.23	0.22	0.23

表 7-4　等效"基体"的强度参数

X_T/MPa	X_C/MPa	Y_T/MPa	Y_C/MPa	S_{S12}/MPa	S_{S23}/MPa
221.91	336.54	189.72	246.48	222.52	246.33

7.1.5　有限元模拟过程

对复合材料进行有限元分析可以查询复合材料各组分受力情况，建立特定结构的 FE 模型进行 FEA 分析，然后与实验结果相比较，为最终深入分析其他轴向复合材料的各种性能，应用 FE 模型预测其他轴向复合材料的性能做准备。建立两轴向经编复合材料沿 MD（0°）方向以及 CD（90°）方向共建立了两个与实验尺寸 1∶1 的有限元模型。另外，为了提高计算速度，确保网格尺寸划分足够合理以捕捉材料的变形，采用 1/4 对称模型进行加载计算，研究在单向拉伸作用下复合材料的内力分布及变形特征，并与实验数据相对比，二者相互验证。即原实验尺寸为 250 mm × 25 mm × 2.8 mm，有限元模拟尺寸为 125 mm × 12.5 mm × 2.8 mm。

7.1.5.1　模型的建立

通过创建部件命令建立各种材料实体单元，包括经纱系统（0°）、纬纱系统（90°）以及"基体"。其中经纱尺寸宽 4.2 mm，厚 0.45 mm，间距 0.8 mm；纬纱尺寸宽 3.8 mm，厚 0.25 mm，间距 1.2 mm。材料孔隙率含量为 6.26%。按照实验，两轴向经编复合材料由4层多轴向布同向铺层得到，因此，在建模时，经纱系统与纬纱系统交叉堆叠共四层。模型一为两轴向经编复合材料沿 MD（0°）方向拉伸，模型二为两轴向经编复合材料沿 CD（90°）方向拉伸。

（1）模型一。经纱系统（0° 方向）、纬纱系统（90° 方向）如图 7-5 所示。

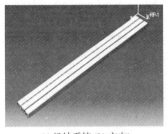

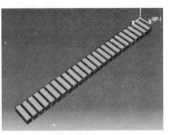

(a) 经纱系统 (0° 方向)　　(b) 纬纱系统 (90° 方向)

图 7-5　模型一：经纬纱系统的建立

有限元模型一按照双轴向增强织物同向四层铺层，沿 0° 方向拉伸织物 FE 模型如图 7-6 所示，注入基体后，沿 0° 方向拉伸复合材料 FE 模型如图 7-7 所示。

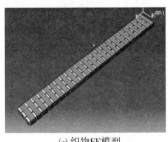

(a) 织物FE模型　　(b) 局部放大图

图 7-6　沿 0° 方向拉伸织物 FE 模型

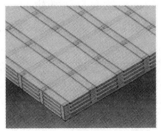

(a) 复合材料FE模型　　(b) 局部放大图

图 7-7　沿 0° 方向拉伸复合材料 FE 模型

（2）模型二。经纱系统（0°方向）、纬纱系统（90°方向）如图7-8所示。

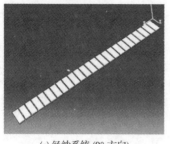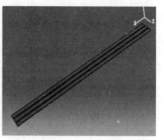

(a) 经纱系统 (0° 方向)   (b) 纬纱系统 (90° 方向)

图 7-8　模型二经纬纱系统的建立

有限元模型二按照双轴向经编增强织物同向四层铺层，沿90°方向拉伸织物 FE 模型如图7-9所示，基体注入后沿90°方向拉伸复合材料 FE 模型如图7-10所示。

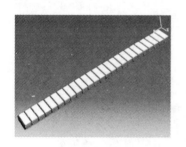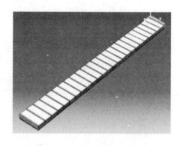

图 7-9　沿 90° 方向拉伸织物 FE 模型   图 7-10　沿 90° 方向拉伸复合材料 FE 模型

7.1.5.2　材料本构模型的选择

经纱系统以及纬纱系统的应力—应变本构关系呈现非线性，假设材料在达到最大抗拉强度前为线弹性，达到最大抗拉强度后呈较大的脆性断裂，为了使计算能够收敛，假定材料达到最大抗拉强度后仍能承受一定的力，此过程中以断裂能控制裂纹扩展。经纬纱系统断裂采用最大主应力断裂模型，如图7-11所示。

由于基体弹性模量低，能承受大的变形，因此，可假定为各向同性的理想弹塑性材料。基体断裂模型如图7-12所示。

7.1.5.3　接触定义

两轴向经编复合材料由经纱系统、纬纱系统、基体三相材料复合而成，基体与经纬纱系统采用"tie"的黏结方式，即在分析的过程中，面面黏结不发生分离，如图7-13所示。纱线间接触选用"general"接触。

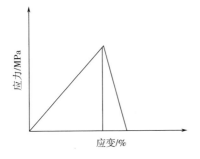

图 7-11　经纬纱系统断裂模型

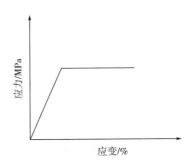

图 7-12　基体断裂模型

图 7-13　材料的接触

7.1.5.4　边界约束条件

在模型的一端施加初始约束，主要约束端部的 3 个平动位移（$U_x=0$、$U_y=0$、$U_z=0$），在模型的另一端建立参考点并施加荷载，由于 abaqus 中用位移控制加载比用力控制加载计算更容易收敛，所以，本文采用位移控制加载。模型一以及模型二的边界条件如图 7-14 所示。

(a) 模型一边界条件的施加

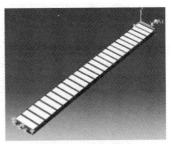

(b) 模型二边界条件的施加

图 7-14　边界条件的施加

7.1.5.5　网格单元划分

网格单元的划分要合理，划分过大影响计算结果；网格划分过密，节点数大大增加，计算耗时长，需要的计算机内存容量大。经分析当网格尺寸小到一定值（3 mm）时，计算结果比较稳定。本文网格尺寸采用 3 mm，单元类型为三维实体六面体八节点（C3D8R）线性减缩积分单元。模型经划分网格如图7-15 所示。

 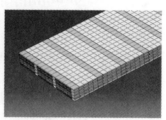

(a) 模型一网格划分   (b) 模型二网格划分

图 7-15　网格划分

7.1.5.6　提交分析作业

在环境栏的 module 列表中选择 job 功能模块提交作业，此时将在安装文件夹中生成相应的 inp 文件。

7.1.5.7　后处理

获得材料不同应变下的应力扩散云图以及显示材料拉伸过程中的变形云图。

7.1.6　求解及数据后处理

7.1.6.1　双轴向经编复合材料拉伸有限元模拟

图 7-16 显示了两轴向经编复合材料沿 0°方向应变分别为 1%、4%、6%的应力云图，图 7-17 显示了经纬纱系统沿 0°方向应变分别为 1%、4%、6%的应力云图。图 7-18 显示了应变为 8% 时的断裂损伤裂纹分布图。其中图像左上角数值显示了应力张量，单位为 N/cm^3。

从图 7-16 和图 7-17 中可以看出，与 0°方向以及 90°方向纱线相比，基体受的力很小，在整个过程中几乎在弹性阶段。同时可以看出，当沿 0°方向拉伸时，拉力主要由沿 0°方向的纱线承担，与拉力方向垂直的 90°方向纱线以及基体受力均比较小。观察图 7-18 断裂损伤裂纹分布图，其中深色表示断裂损伤最严重，从图可以看出，断裂主要发生在与作用力方向相平行的沿 0°方向纱线上，沿 90°方向纱线和基体几乎不出现断裂。由于横向纬纱和基体的作用，复合材料的断裂由多条裂纹引起，裂纹并没有贯通整个截面，而是间隔分散布置，这主要是由于各材料力学性能不同所致。

图 7-19 显示了两轴向经编复合材料沿 90°方向应变分别为 1%、3%、5%的应力云图，图 7-20 显示了经纬纱系统沿 90°方向应变分别为 1%、3%、5%

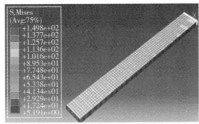
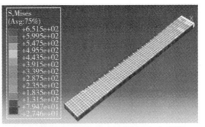

(a) 应变为1%时的复合材料拉伸应力云图　　　　(b) 应变为4%时的复合材料拉伸应力云图

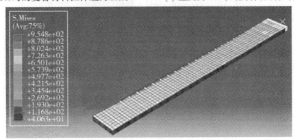

(c) 应变为6%时的复合材料拉伸应力云图

图 7-16　不同应变下复合材料沿 0° 方向拉伸应力云图

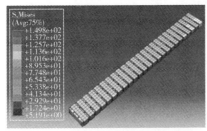
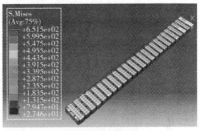

(a) 应变为1%时经纬纱系统拉伸应力云图　　　　(b) 应变为4%时经纬纱系统拉伸应力云图

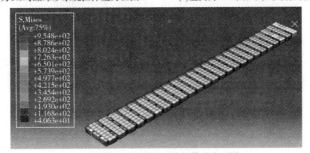

(c) 应变为6%时经纬纱系统拉伸应力云图

图 7-17　不同应变下经纬纱系统沿 0° 方向拉伸应力云图

的应力云图，图 7-21 显示了应变为 5% 时的断裂损伤裂纹分布图。

观察图 7-19 和图 7-20 可知，当沿 90° 方向拉伸时，拉力主要由 90° 方

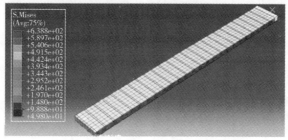

图 7-18　应变为 8% 时断裂损伤裂纹分布图

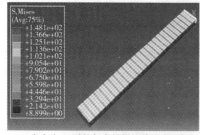

(a) 应变为1%时的复合材料拉伸应力云图

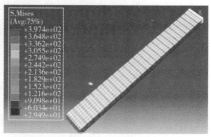

(b) 应变为3%时的复合材料拉伸应力云图

(c) 应变为5%时的复合材料拉伸应力云图

图 7-19　不同应变下复合材料沿 90° 方向拉伸应力云图

向的纱线承担，并且与拉力方向垂直的 0° 方向纱线以及基体受力较小。由于沿 0° 方向的纱线（2400 tex）比沿 90° 方向的纱线（1500 tex）线密度大，因此，从应力云图中可以看出沿 0° 方向拉伸的应力张量比沿 90° 方向拉伸的应力张量大。观察图 7-21 断裂损伤裂纹分布图可知，断裂主要发生在与作用力方向相平行的沿 90° 方向的纱线，沿 0° 方向的纱线和基体几乎不出现断裂。

7.1.6.2　数据处理

经有限元模拟两轴向经编复合材料沿 0° 方向和沿 90° 方向的拉伸应力—应变如图 7-22 所示。

图 7-22 显示了双轴向经编复合材料应力—应变曲线呈线性趋势，沿 0° 方向的断裂应变为 8%，断裂应力为 1029.73 MPa；沿 90° 方向的断裂应变为 5%，断裂应力为 580.86 MPa。且由于沿 0° 方向排列纤维束细度大于沿 90° 方向排

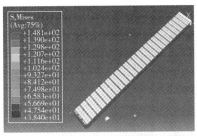

(a) 应变为1%时经纬纱系统拉伸应力云图

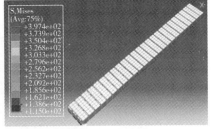

(b) 应变为3%时经纬纱系统拉伸应力云图

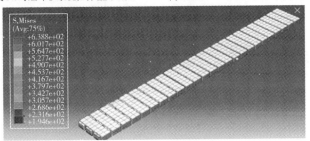

(c) 应变为5%时经纬纱系统拉伸应力云图

图 7-20　不同应变下经纬纱系统沿 90° 方向拉伸应力云图

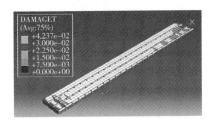

图 7-21　应变为 5% 时的断裂损伤裂纹分布图

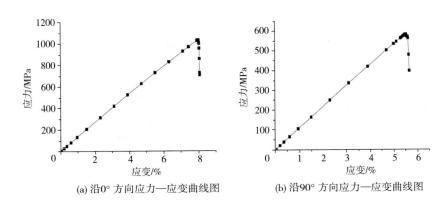

(a) 沿0° 方向应力—应变曲线图　　　(b) 沿90° 方向应力—应变曲线图

图 7-22　有限元模拟沿不同方向应力—应变曲线图

列纤维束细度，因此，沿 0° 方向的断裂应力大于沿 90° 方向的断裂应力。

将 Abaqus 中名义应力—应变曲线转换成真实应力—应变曲线过程，即 $\bar{\sigma}$—η 曲线转换成 σ—ε 曲线。转换公式：

$$\varepsilon = \ln(1+\eta) \qquad (7\text{-}30)$$
$$\sigma = \bar{\sigma}e^{\varepsilon}$$

式中：$\bar{\sigma}$ 为工程应力；η 为工程应变；σ 为真实应力；ε 为真实应变。

沿不同方向的拉伸实验数据与模拟转换真实数据对比，分别见表 7-5 和表 7-6。

表 7-5　沿 0° 方向实验结果与有限元数值模拟结果

应变 /%	0	0.16	0.32	0.56	0.92	1.46	2.26	3.06	3.86
实验值 /MPa	0	23.34	45.62	79.08	127.13	199.63	303.72	407.55	510.44
FE 模拟值 /MPa	0	22.45	44.88	78.11	127.96	201.84	309.99	416.48	521.31
误差百分比 /%	0	−3.81	−1.62	−1.23	0.65	1.11	2.06	2.19	2.13

表 7-6　沿 90° 方向实验结果与有限元数值模拟结果

应变 /%	0	0.16	0.32	0.56	0.92	1.46	2.26	3.06	3.86
实验值 /MPa	0	18.33	37.98	64.59	103.26	158.77	236.56	318.64	400.72
FE 模拟值 /MPa	0	17.92	35.79	62.49	102.29	161.47	247.99	333.18	417.05
误差百分比 /%	0	−2.24	−5.77	−3.25	−0.94	1.70	4.83	4.56	4.08

由图 7-23 实验值与有限元模拟值之间的比较，可知应用有限元模拟计算出的复合材料应力值与实验值能很好地吻合，最大误差为 5.77%。因此，建立的双轴向经编复合材料有限元模型有较高的精度，可以对复合材料进行细观数值模拟和计算。必要时候为了节省时间、物力和财力，可以用有限元模拟来代替实验。

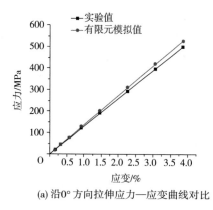

(a) 沿0° 方向拉伸应力—应变曲线对比　　(b) 沿90° 方向拉伸应力—应变曲线对比

图 7-23　有限元模拟值与实验值应力—应变曲线对比

7.2 四轴向经编复合材料拉伸性能温度效应有限元模拟

四轴向经编复合材料由四轴向经编织物增强环氧树脂/固化剂混合液制备而成，增强体织物由沿四个方向平行排列的玻璃纤维束经编纱编织而成，纤维束又由纤维单丝组成。因此，复合材料的力学性能不仅取决于各组分材料的性能，还取决于增强体材料的微、细观结构，即纤维的取向和分布状态。本节基于纱线/树脂的细观结构尺度分析四轴向经编复合材料的拉伸力学性能。通过有限元数值模拟获取复合材料内部的应力分布规律，进而根据材料的应力集中效应，探究最易发生破坏的结构区域，从而为高性能材料的结构优化设计提供有效的指导。有限元分析因其准确、高效、形象化等优点已被广泛应用于各科研领域，可用其在细观结构尺度上分析拉伸载荷对四轴向经编复合材料内部结构应力分布的影响。进一步地，将试样的应力集中效应与实验结果进行对比分析，减少实验时间和成本，提高研究效率。

7.2.1 建立几何模型

根据实体结构构建几何模型，为了准确、直观、方便地建立四轴向经编复合材料的三维实体模型，选用 SolidWorks 软件建模。SolidWorks 是一款由达索公司研发的软件，用于三维结构的设计、编辑、装配，因其功能强大、易学易用等特点，广泛应用于航空航天、汽车、国防、器械制造等工程领域。

基于 SolidWorks 软件建立四轴向经编增强复合材料的单胞结构（representative volume element，RVE，代表体积单元）实体模型。模型的建立是进行有限元分析的基础，因此，模型与实体结构的吻合度对模拟分析至关重要。在保证模型具有较高吻合度的前提下，进行简化处理，提高分析效率。选取成型较好的复合材料拉伸试样，在高倍显微镜下观察，测量每层纱线的宽度、厚度及纱线间距离，按照实际尺寸建立三维实体模型。由于经编纱的存在，复合材料内部纱线和树脂间相互关系较为复杂，因此，为了简化建模流程，提高运算效率，作如下假设。

（1）各层纱线在复合材料内无弯曲，处于伸直状态。

（2）树脂对纤维完全浸润，且分布均匀。

（3）所有纱线的截面均为矩形。

（4）复合材料内部无气泡、空隙等缺陷。

选取四轴向经编增强复合材料的单胞结构建立 5 mm × 5 mm × 0.685 mm 的几何模型，复合材料的 RVE 实体图和几何模型尺寸参数分别如图7-24和表7-7所示。

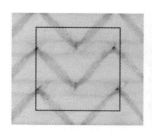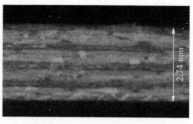

图 7-24　四轴向经编复合材料 RVE 实体结构

表 7-7　RVE 模型具体尺寸参数

组分	长 /mm	宽 /mm	厚 /mm	间距
基体	5.0	5.0	0.685	—
经纱	5.0	1.7	0.1	0.8
纬纱	5.0	1.5	0.06	1.0
45° 纱线	7.1	1.5	0.06	1.77

　　根据四轴向经编增强复合材料 RVE 几何模型尺寸参数和增强体结构特征，运用 SolidWorks 软件，采用拉伸凸台、拉伸切除、阵列等命令，建立复合材料细观结构模型，图 7-25 为 RVE 中的基体模型，图 7-26 为增强体几何模型。将模型存储为 .iges 格式的文件，导入 Abaqus 有限元软件进行分析，操作系统为 Windows 7。

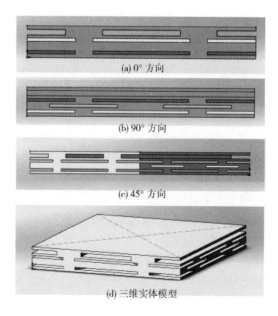

(a) 0° 方向

(b) 90° 方向

(c) 45° 方向

(d) 三维实体模型

图 7-25　RVE 基体几何模型

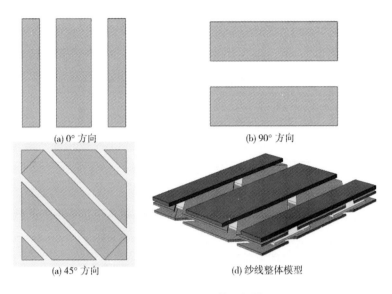

(a) 0° 方向 (b) 90° 方向

(a) 45° 方向 (d) 纱线整体模型

图 7-26 RVE 增强体几何模型

7.2.2 拉伸性能模拟

选用 Abaqus 6.14 软件进行有限元分析。Abaqus 是一款具有强大模拟功能的商业软件，在解决简单的线性问题和复杂的非线性问题方面具有一定优势，通常应用于工程分析领域，解决结构、动静态应力/位移、疲劳分析、热电耦合、流体等问题。其分为显式分析和隐式分析两大模块，用户界面简单明了，极大地提高了使用效率，主要包括设置材料属性、装配、设置分析步、边界条件、施加载荷、网格划分和分析计算几大步骤。Abaqus 能够很好地模拟复杂的工程环境，而被广泛应用在预测与分析产品或材料的性能上。

将构建好的基体和增强体几何模型导入 Abaqus 软件中，依据材料参数和实验条件依次对模型设置材料属性、装配、分析步、设置接触和边界条件、网格划分。

7.2.2.1 设置材料属性

材料属性是指材料本身具有的物理或化学特性，是进行有限元分析的重要物理参数。复合材料由基体和增强体组成，两者材料属性不同，而四轴向经编玻璃纤维经纱、纬纱和45° 方向纱线属性也不相同，因此，依次赋予它们不同的材料属性。环氧树脂和纱线的力学性能参数见表 7-8。

经编纱的线密度为 83 dtex，相比于轴向排列的纱线束，细度较细，所占体积分数约为 3%。为简化建模，提高计算效率，将经编纱对复合材料的力学贡献转化到基体上，即通过增强基体力学性能的方法等效代替经编纱。依据经编纱和基体所占体积比及对应的力学性能，根据公式（7-31）混合率法则，将经

159

编纱的力学贡献转化到基体上。

表 7-8　材料的力学性能参数

组分	密度/（g·cm⁻³）	弹性模量/GPa	泊松比	失效应力/MPa	应变
环氧树脂	1.12	2.80	0.25	80	7%
经纱	2.54	81.98	0.24	1806.30	2.67%
纬纱	2.54	86.83	0.24	1743.20	3.46%

$$E = E_p V_p + E_m V_m \qquad (7-31)$$

式中：E——等效基体的模量，GPa；

$\quad\quad E_p$——经编纱的模量，GPa；

$\quad\quad V_p$——经编纱的体积分数，%；

$\quad\quad E_m$——基体的模量，GPa。

7.2.2.2　装配

将导入 Abaqus 中的基体、经纱、纬纱和45°纱线通过移动、旋转、翻转等命令装配在一起，构成复合材料 RVE 模型，装配好的 RVE 模型如图 7-27 所示。

树脂
经纱
45°方向纱线
纬纱
-45°方向纱线

图 7-27　RVE 几何模型

7.2.2.3　分析步

准静态拉伸属于静力分析，分析步类型选取"Static，General"，分析步时间设置为 5，初始增量步设置为 0.1。输出变量分为场变量和历史变量，场变量主要表征材料承载过程中变量的应力分布，历史变量主要表征不同时间下变量的变化规律。

7.2.2.4　接触条件

复合材料成型过程中，由于树脂的作用，增强体被固定，纱线和树脂之间存在界面结合力。在模拟分析过程中，需要设置基体和纱线间接触条件。基体和增强体之间的接触设定为"Tie"接触形式，且将基体表面设置为主面，即"Master surface"；纱线表面设置为从面，即"Slave surface"，各方向接触条件设置如图 7-28 所示。

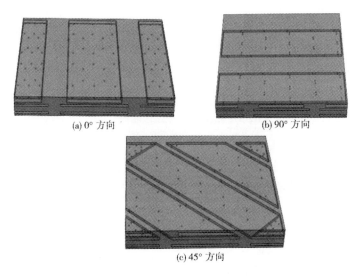

(a) 0° 方向　　　(b) 90° 方向

(c) 45° 方向

图7-28　接触条件

7.2.2.5　边界条件

　　与拉伸实验相同，在模拟过程中，试样的一端被固定，另一端施加速度载荷，加载速度为 0.0333 mm/s（与实验拉伸速度一致，即 2 mm/min）。模型的固定端在初始阶段被完全约束，端面设置 set 集合，$U1=U2=U3=UR1=UR2=UR3=0$，两侧限制转动自由度，$U2=UR1=UR2=UR3=0$，加载端施加速度载荷，边界条件如图 7-29 所示。

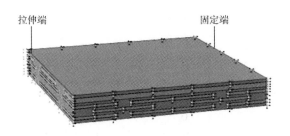

拉伸端　　　　　　　　固定端

图 7-29　边界条件

7.2.2.6　网格划分

　　构建的复合材料模型结构较为复杂，无法直接进行有限元分析，需要进行网格划分，即分割成若干个网格单元。网格的划分需要兼顾网格数量、质量、密度等，线性积分单元网格类型主要有四面体、六面体和楔形单元，网格数量过大会增大运算量，占用存储空间过大而易导致运算失败，数量过少会导致计算不准确。选取合适的网格类型，使整个模型划分均匀，避免网格扭曲，尽量减少低质量网格数量，提高计算准确度。考虑基体结构复杂，故选取四面体（C3D4）进行划分，对于规则的增强体则选取六面体（C3D8R）进行划分，单元类型与数量以及各组分网格划分结果分别见表7-9和图7-30。

表7-9 单元类型及各组分网格划分结果

组分	类型	数量
基体	C3D4	380767
0° 纱线	C3D8R	9296
45° 纱线	C3D8R	11058
90° 纱线	C3D8R	4150
-45° 纱线	C3D8R	11058

(a) 基体　　　　(b) 纱线

(c) RVE模型

图7-30　网格划分

7.2.3　拉伸模拟分析

7.2.3.1　应力分布

四轴向经编复合材料沿0°方向拉伸，结构内部纱线整体及基体应力分布如图7-31所示。

由图7-31可知，基体相对于增强体，处于较弱的应力状态。此现象说明在拉伸过程中，增强体承担主要载荷，是主承力部分。沿0°方向拉伸，经纱和±45°纱线承担大部分载荷，纬纱处于较弱的应力状态。试样的固定端和拉伸端局部应力较大。

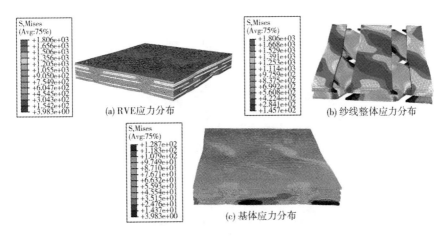

图 7-31 应力分布

7.2.3.2 与实验结果比较

不同轴向的应力分布如图 7-32 所示，拉伸实验试样的断裂形态如图 7-33 所示。

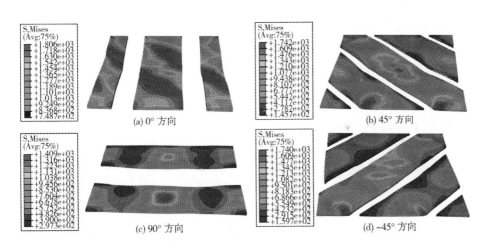

图 7-32 不同轴向应力分布

由图 7-32 可知，复合材料试样沿 0° 方向拉伸，拉伸方向与经纱平行，0° 方向承受应力最大，纱线沿 45° 方向出现大面积应力集中，必将最先破坏且沿 45° 方向断裂。±45° 方向结构对称，应力分布相似，拉伸端和固定端局部位置和试样中间部位受力较大，0° 方向断裂后，±45° 方向随之断裂。90° 方向与拉伸方向垂直，受力较小，只有纱线中间位置受力较大。纱线的应力分布及破坏形式与四轴向经编织物的结构密切相关。拉伸试样的断裂形态如图 7-33 所

(a) 正面　　　　　　　　　　(b) 反面

图 7-33　拉伸试样断裂形态

示,由图可知,断口处纤维沿 ±45° 方向抽拔断裂,与模拟结果一致。

7.2.4　四轴向经编复合材料宏观拉伸试样模拟

Hashin 准则是一种层合板失效依据,即只要满足一定应力条件,层合板便发生破坏,破坏前无损伤发生。现采用传统的 Hashin 失效准则结合材料损伤演化过程,对复合材料层合板进行数值分析。

7.2.4.1　建立有限元模型

建立四轴向经编复合材料宏观试样模型,与拉伸试样尺寸相等,进而与实验数据进行比较,在 Abaqus 里建立 250 mm × 25 mm × 2.74 mm 的 3D 实体单元,并设置材料属性,试样密度为 1.68 g/mm³,剪切性能计算公式如下:

剪切强度公式:

$$E = \left(\frac{\Delta P}{S_0}\right) / \left(\frac{\Delta L}{L_0}\right) \tag{7-32}$$

式中:ΔP——变化载荷,kN;

$\quad\quad S_0$——截面面积,mm²;

$\quad\quad \Delta L$——剪切变化长度,mm;

$\quad\quad L$——原长,mm

剪切模量公式:

$$G_{ij} = \frac{E_i}{2(1+v_{ij})} \tag{7-33}$$

材料力学性能参数见表 7-10,断裂失效依据见表 7-11,σ_t、σ_c、σ_s 分别代表复合材料的拉伸强度、压缩强度和剪切强度。四层四轴向织物同向铺放,如图 7-34 所示。

表 7-10　材料的力学性能参数

材料	$E1/\text{MPa}$	$E2/\text{MPa}$	v	$G12/\text{MPa}$	$G13/\text{MPa}$	$G23/\text{MPa}$
四轴向经编复合材料	19210	17543	0.42	6765	6765	6090

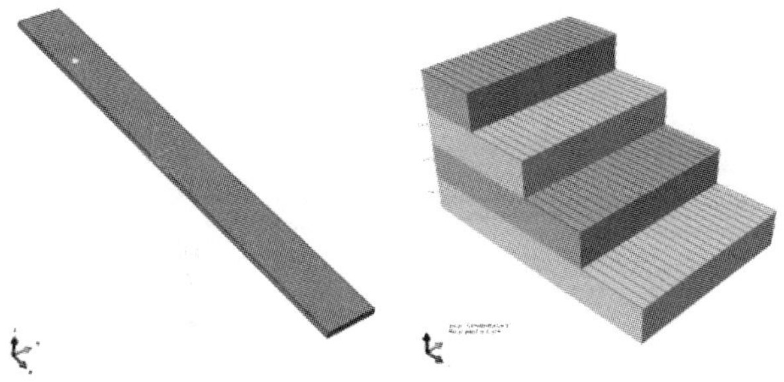

图 7-34 试样四层铺层示意图

表 7-11 hashin 失效判据

材料	σ_{t11}/MPa	σ_{c11}/MPa	σ_{t22}/MPa	σ_{c22}/MPa	σ_{s11}/MPa	σ_{s22}/MPa
四轴向经编复合材料	81.97	70.74	62.32	60.87	66.80	42.00

7.2.4.2 分析步和边界条件

分析步类型选取"Dynamic，Explicit"，分析步时间设置为 0.001，取点频率为 1000。试样的两端分别与参考点（reference point）RP-1 和 RP-2 以 coupling 的形式约束（图 7-35），在拉伸过程中，RP-1 被固定，即 $U1=U2=U3=UR1=UR2=UR3=0$，RP-2 给定 8 mm 的位移载荷（拉伸实验在 8 mm 处断裂），如图 7-36 所示。

图 7-35 Coupling 约束

固定端　　　　　　　　　　　　　　　　　　　　拉伸端

图 7-36 边界条件

7.2.4.3 划分网格

复合材料的连续实体单元采用扫掠网格，定义扫掠路径。网格类型为 SC8R，共划分 1625 个网格单元，如图 7-37 所示。

7.2.5 结果分析

1. 损伤形态

四轴向经编复合材料试样沿 0° 方向拉伸断裂整体形态如图 7-38 所示，每层复合材料断裂形态如图 7-39 所示。

图 7-37　网格划分

图 7-38　损伤形态

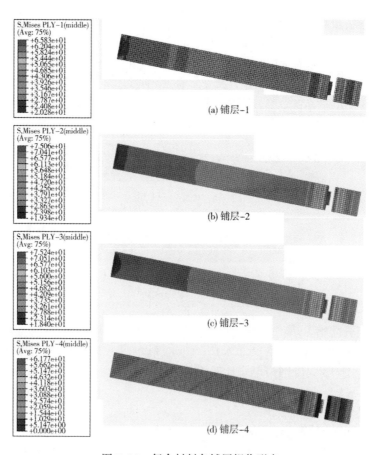

图 7-39　复合材料各铺层损伤形态

2. 与实验结果比较

四轴向经编复合材料沿 0° 方向拉伸有限元模拟与实验对比的应力—应变曲线如图 7-40 所示。有限元模拟与实验测试数据总体趋势一致，吻合度较高。有限元分析时，减少了外界温度因素的影响，忽略了复合材料成型过程中杂质、孔隙因素的影响以及实验过程中的误差，且每根纤维都最大限度地发挥其力学性能，因此，有限元分析结果略高于实验值。具体力学性能参数对比见表 7-12。

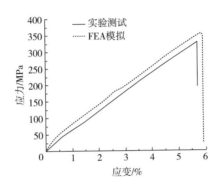

图 7-40　实验和有限元分析应力—应变曲线对比

表 7-12　力学性能对比

性能	实验测试	有限元分析	误差 /%
拉伸强度 /MPa	327.89	358.58	9.36
拉伸模量 /GPa	76.84	86.28	12.29

由表 7-12 可知，四轴向经编复合材料拉伸强度的有限元分析的结果与实验数据最大误差为 9.36%，拉伸模量最大误差为 12.29%，整体误差相对较小，有限元模型较为精准，能够用来预测四轴向经编复合材料的其他力学性能，为四轴向经编复合材料的研究提供理论依据。

7.3　三维正交机织复合材料拉伸性能有限元模拟

3DOWC 优异的力学性能与其特殊的结构特性和多样化的材料组分密不可分，但实际试验测试过程中对复合材料内部裂纹的产生、损伤扩展及纤维损伤等现象无法有效观测，且试验成本高。FEA 作为一种可靠、准确、快速的分析方法，可全面分析 3DOWC 在拉伸测试中各组分的应力响应与损伤机制；另外，通过完善后的分析模型能够准确获取未改性 3DOWC 的其他相关力学性能，如弯曲、压缩、剪切、冲击、疲劳等多种静态和动态特性的力学性能参数及渐进损伤机理，为进一步研究风机叶片强度奠定基础；同时，可根据构建的分析模型为后期多种不同类型三维结构复合材料分析力学性能提供帮助，如改变纤维材料、纱线细度、结构特征及树脂特性等；改性处理作为提高复合材料力学性能的重要方法，通过设定分析模型中基体与增强体间界面结合强度相关参数进行 FEA，可为改性 3DOWC 力学性能的深入研究提供方法支持。本节基于 3DOWC 的细观几何结构，建立其单胞结构三维模型，施加合理的边界条件和载荷，有限元数值模拟 3DOWC 沿不同方向拉伸测试形式下的材料响应，并与实验结果相比较，完善该有限元细观结构模型。

7.3.1 软件分析平台

3DOWC 拉伸 FEA 主要由三维实体建模和有限元模拟计算两大部分组成，为准确、快速地完成拉伸模拟过程，根据不同分析步骤需求，选用如下两种软件完成相应任务。

（1）三维实体建模：SolidWorks 2012。

（2）有限元模拟计算平台：Abaqus 6.13。

首先，根据 3DOWC 内部各组分结构实体尺寸基于 SolidWorks 软件建立几何实体模型。SolidWorks 是由达索公司推出的一款简单易学，具有多种功能的机械设计三维建模软件，其友好的用户界面可大大提高模型建立的效率，同时，多种模型设计工具可灵活运用构建相对复杂的零部件；由多个零部件间相互关系的设置可快速生成装配体，完成三维多零件实体的构建；利用构建的三维模型可直接绘制工程图，极大地简化了工程设计中的烦琐操作。基于该软件可快速建立 3DOWC 单胞实体模型，将其保存为 .step 格式，导入 Abaqus 软件分析。

其次，应用 Abaqus 软件对构建的 3DOWC 几何模型设置材料属性、损伤准则、边界条件、外部载荷、划分网格及模拟计算等主要 FEA 步骤。Abaqus 作为一款在 FEA 领域较为先进的大型商业软件，在简单线性模拟分析和非线性相关问题分析求解方面具有强大的优势，其主要分为 Standard 和 Explicit 两大分析模块，用户界面 CAE 极大地提高了 FEA 的效率。同时，由于实际物理问题存在多种耦合场，Abaqus 强大的分析功能能够很好地完成对多物理场的耦合分析，满足科研分析要求，在结构、热传导、流体、电磁及耦合分析等多方面技术领域模拟计算解决复杂性问题较为常用，与实验分析具有较高的吻合度，在航天、轮船、军工、土木等高技术领域应用普遍。

7.3.2 构建几何模型

对研究对象构建合理的分析模型是 FEA 的基础，由于研究对象结构的多样性、材料属性的特殊性、分析问题的复杂性等问题的综合影响，通常需在保证分析模型具有较高吻合度的前提下，对其进行一定的简化处理，提高分析效率。

建立 3DOWC 几何模型，测量并分析复合材料内各组分的实体尺寸和形态结构。由于增强体三种纱线均为无捻粗纱，即由多根平行玻璃纤维组成，复合成型过程中经树脂完全浸润，同时，由于纱线间的相互束缚，导致固化后 3DOWC 增强体上、下表层纬纱截面形状与内部纱线不同，最终形成结构较为紧密的复合材料整体。因此，复合材料内部树脂、纤维及纱线间相互关系较为复杂，若根据实体结构建立完全符合的有限元模型，将为运算成本和工作效率带来较大负担，故为简化构建流程，提高建模效率，缩短后期 FEA 运算时间，做如下假设。

（1）经、纬纱在 3DOWC 内未出现弯曲，处于完全伸直状态。

（2）树脂将纱线内纤维完全浸润，且几何模型中单根纱线为一个整体。

（3）表层纬纱与 Z 纱接触部分为曲面，Z 纱与内部纱线截面为长方形。

（4）3DOWC 内无瑕疵、气泡等缺陷。

选取 3DOWC 单胞结构代表体积单元（representative volume element，RVE）建立 4.2 mm × 4.2 mm × 2.66 mm 几何模型。3DOWC 的 RVE 实体和几何模型尺寸相关参数分别见图 7-41 和表 7-13。

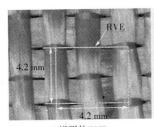 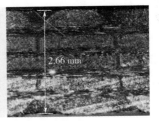

(a) 增强体RVE　　　　　　(b) 3DOWC RVE

图 7-41　3DOWC 的 RVE 实体

表 7-13　RVE 几何模型尺寸参数

组份	长 /mm	宽 /mm	厚 /mm	体积分数 /%
基体	4.2	4.2	2.66	47.10
经纱	4.2	1.80	0.18	23.20
纬纱	4.2	1.80	0.18	28.88
Z 纱	—	0.22	0.10	0.82

依据 3DOWC 的 RVE 建模参数与增强体内部结构特征，运用 SolidWorks 2012 软件采用扫描、镜像、阵列、配合等命令建立增强体细观结构几何模型，图 7-42 为 RVE 内增强体几何模型；由于增强体内 Z 纱存在弯曲，表层纬纱与内部纱线截面不同，直接根据基体树脂实体尺寸建立几何模型存在较大难度，故采用组合命令将整块基体与增强体结合，通过布尔删除命令，去除二者间重合区域，生成基体模型，图 7-43 为 RVE 内基体几何模型。

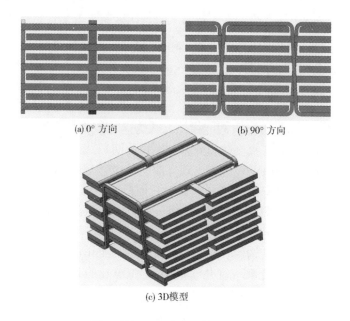

(a) 0° 方向　　　　　　　　(b) 90° 方向

(c) 3D模型

图 7-42　RVE 内增强体几何模型

(a) 0° 方向　　　　　　　　(b) 90° 方向

(c) 3D模型

图 7-43　RVE 内基体几何模型

　　构建的 3DOWC 几何模型和实体试验测试的纤维体积含量分别为 52.90%和 52.91%，因此，基于简化假设，构建的 3DOWC 单胞与实际结构尺寸具有较高的吻合度，图 7-44 为 3DOWC 的 RVE 整体几何模型。

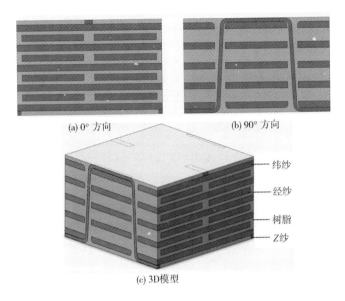

(a) 0° 方向　　　　　　　　(b) 90° 方向

(c) 3D模型

图 7-44　RVE 整体几何模型

7.3.3　材料属性模型

　　材料属性是材料本身固有的特性，也是 FEA 的重要参数，通过合理的属性模型可为某一材料赋予属性参数，为材料受到载荷或其他作用过程中形状变化、应力分布、损伤响应等特性提供参数支持。3DOWC 由增强体织物与基体树脂两种组分经复合成型工艺固化成型，二者具有不同的材料特性，其中增强体织物均由以玻璃纤维为原料的纱线织造而成，依据该纱线特性赋予增强体整体性能。因此，材料模型通过分别赋予纱线与树脂基体两种材料特性完成 3DOWC 材料模型的设置。

　　由于试验测试过程中采用准静态拉伸载荷对 3DOWC 实施加载，基体树脂和纤维均设定为各向同性材料，故对其选用线弹性材料模型，材料受载过程中的应力变化对载荷变化率不敏感。相应的本构关系式：

$$\left\{\dot{\sigma}\right\}=EA^{-1}\left\{\dot{\varepsilon}_{\mathrm{e}}\right\} \tag{7-34}$$

式中：$\left\{\dot{\sigma}\right\}$——应力变化率；

　　　　$\left\{\dot{\varepsilon}_{\mathrm{e}}\right\}$——应变变化率；

　　　　A^{-1}——泊松比矩阵；

　　　　E——材料弹性模量。

$$A = \begin{bmatrix} 1 & -v & -v & 0 & 0 & 0 \\ -v & 1 & -v & 0 & 0 & 0 \\ -v & -v & 1 & 0 & 0 & 0 \\ 0 & 0 & 0 & 1+v & 0 & 0 \\ 0 & 0 & 0 & 0 & 1+v & 0 \\ 0 & 0 & 0 & 0 & 0 & 1+v \end{bmatrix} \tag{7-35}$$

增强体纱线为无捻粗纱，以成束形式对复合材料起增强作用，部分树脂经成型浸润过程进入纤维束内部，固化后将纤维束在横截面上黏结为一个整体。假定 3DOWC 内纤维全部均匀分布，基体树脂完全填充纤维间隙，同一束中纤维相互平行。由于纤维束与内部树脂的结构特性将二者等效为纱线整体，采用单向板理论对纱线整体相关力学性能进行计算。纱线弹性模量、断裂强度及泊松比各计算公式如下：

$$E = E_f E_f + E_m V_m \tag{7-36}$$
$$X_t \approx V_m X_{ft} \tag{7-37}$$
$$v = V_f v_{f12} + V_m v_m \tag{7-38}$$

式中：E——弹性模量；

$\quad\quad X_t$——断裂强度；

$\quad\quad v$——泊松比；

$\quad\quad V$——体积分数。

$\quad\quad$式中下角标 f 表示纤维；m 表示基体。

Abaqus 软件中设置树脂与纱线材料相关参数见表 7-14。

表 7-14　树脂浇铸体与纱线材料相关参数

组分	弹性模量 /GPa	最大应力 /MPa	泊松比	密度 / (g·cm⁻³)
3DOWC 增强体纱线	44.76	2058.00	0.27	2.54
环氧树脂浇铸体	3.15	81.00	0.25	1.15

7.3.4　材料损伤准则

材料受到外载，当达到一定损伤极限时，会发生损伤并按照某一损伤规律产生累积，最终发生破坏。通过设定相应材料损伤准则，可为材料损伤和裂纹扩展提供破坏准则。复合材料内部由于各组分材料特性存在差异，当达到某一破坏应力时材料发生损伤，且不同材料具有不同损伤容限，导致复合材料受到外部载荷时发生渐进损伤，这是工程中评价其强度特性和产品设计均需考虑的问题之一。目前，根据单向板材料相关试验数据和理论分析已提出了多种损伤准则，本文 3DOWC 分析模型中树脂和纱线均设定为各向同性材料，由于材料设定为线弹性材料模型，故选取最大应力准则作为两种组分 FEA 模型的损伤准则。当 3DOWC 在外部载荷的作用下，各组分的某一应力分量超过其强度时，即发生损伤，为改善后期模拟过程中分析模型存在不收敛的问题，两种材料均设定为达到破坏强度后未直接断裂失效，在一定应变范围内存在累积损伤现象，材料损伤准则示意图如图 7-45 所示。

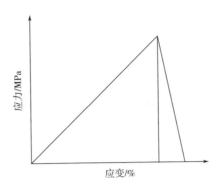

图 7-45　材料损伤准则示意图

7.3.5　拉伸性能模拟

　　将构建好的增强体和基体几何模型分别导入 Abaqus 软件，依据实验拉伸条件和材料特性，设置接触、边界条件及网格划分。

7.3.5.1　设置接触

　　构建的实体模型中，增强体和基体为两个独立部分，实际复合材料中，由于成型工艺二者发生接触且存在界面结合，模拟分析中需进行接触参数设置。将增强体纱线与基体树脂间接触界面设定为"tie"结合形式，即受载过程中界面不发生失效。由于纱线具有较强的力学性能，因此，将其表面作为"Master surface"，树脂基体表面作为"Slave surface"，接触条件的设置如图 7-46 所示。

图 7-46　设置接触

7.3.5.2 边界条件

拉伸试验过程中，试样一端固定，另一端模拟实验条件以夹头运动的方式以 2 mm/min 速率施加载荷。为确保 FEA 中材料的边界条件与正常测试一致，在拉伸模拟分析中，模型固定端完全约束，即 $U1=U2=U3=UR1=UR2=UR3=0$，加载端以参考点（reference point）设定运动速度施加外载，边界约束与加载条件的设置如图 7-47 所示。

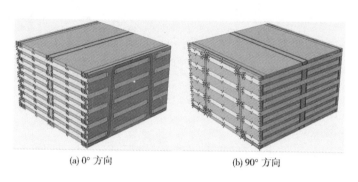

(a) 0° 方向   (b) 90° 方向

图 7-47　设定边界约束与加载条件

7.3.5.3 网格划分

构建的实体模型作为一个整体，若直接进行 FEA，很难保证分析的准确性，需依据网格划分准则对整体进行分割，可将实体划分为具有不同类型的多个网格单元，完成实体的离散化。其中由于单元形状和特征参数的特殊性，对单元进行模拟分析与实际测试，具有较高的准确性和吻合度，可将连续性问题转化为离散性问题，便于分析计算。几何模型划分网格过程中，需充分兼顾部件网格数量、密度、质量、类型等因素，其中，数量过少影响计算精度，数量过多则会占用大量计算时间和内存空间；部件局部易损伤区域需适当细化网格密度，而其他区域可适当减小网格密度，进而在保证计算精度的前提下，提高运算效率。由于增强体内 Z 纱线存在弯曲，与基体树脂结合部位为曲面，因此，采用多次分割的方式对纱线与树脂部分区域进行局部细化，结合运用六面体（C3D8R）和四面体（C3D4）线性积分单元进行网格划分，增强体和基体网格单元分别为 47348 个和 75974 个，3DOWC 各组分网格划分如图 7-48 所示。

7.3.6 拉伸模拟分析

3DOWC 拉伸测试中，由于材料组分和增强体结构的复杂性，易导致局部应力集中，发生树脂开裂、界面失效及纤维损伤等现象，通过采用 FEA 的方式模拟计算材料受载的应力分布与性能数据，验证该模型的有效性，为进一步探究未改性和改性 3DOWC 多种加载形式中的应力响应、损伤机理及增强其力学

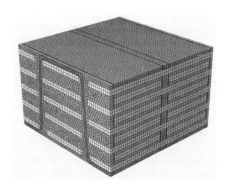

图 7-48　网格划分

性能提供指导。

7.3.6.1　应力分布和损伤形态

为分析不同应力水平下材料的力学特性，模拟沿 0° 和 90° 方向不同应变下 3DOWC 应力分布如图 7-49 和图 7-50 所示。

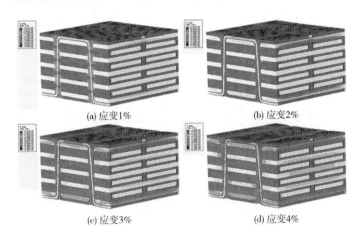

(a) 应变1%　　　　　　　　　　(b) 应变2%

(c) 应变3%　　　　　　　　　　(d) 应变4%

图 7-49　沿 0° 方向不同应变下 3DOWC 的应力分布

由图 7-49 和图 7-50 可知，基体树脂相对于增强体一直处于较弱应力水平，复合材料内主要的承载组分为增强体；二者相结合的多处曲面部位存在应力集中；0° 拉伸方向纬纱和 Z 纱一直处于较弱的应力状态，经纱承担主要载荷；90° 拉伸方向经纱和 Z 纱一直处于较弱的应力状态，纬纱承担主要载荷；增强体受载拉伸中会对基体树脂产生一定的挤压应力。

图 7-51 和图 7-52 所示分别为沿 0° 和 90° 拉伸方向 3DOWC 断裂损伤形态，结合应力分布与损伤形态可知，与拉伸方向同向的纱线由于承担主要载荷，损伤最为严重，与拉伸方向垂直的纱线附近主要由基体承担载荷，其纱线

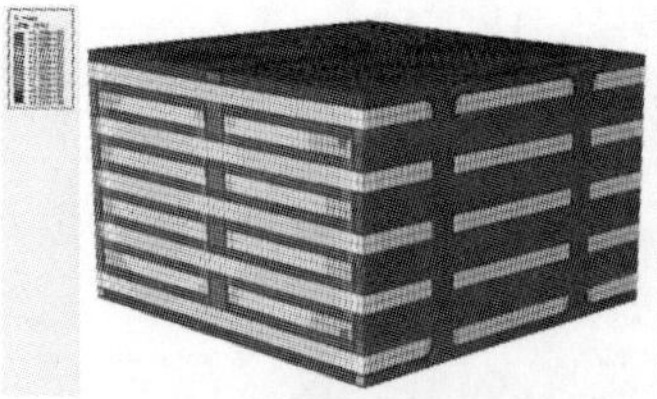

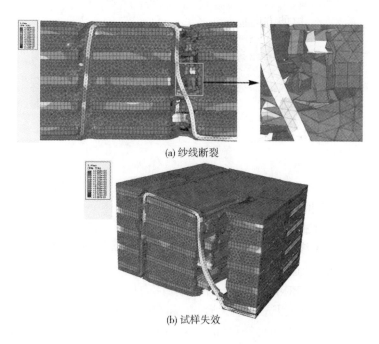

(a) 应变1% 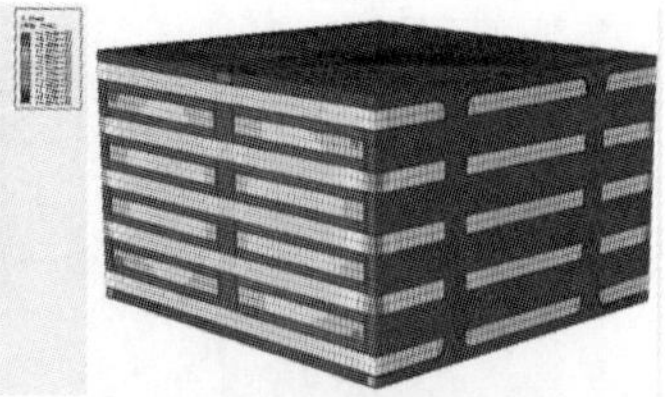　　　　　　　　　　(b) 应变2%

(c) 应变3% 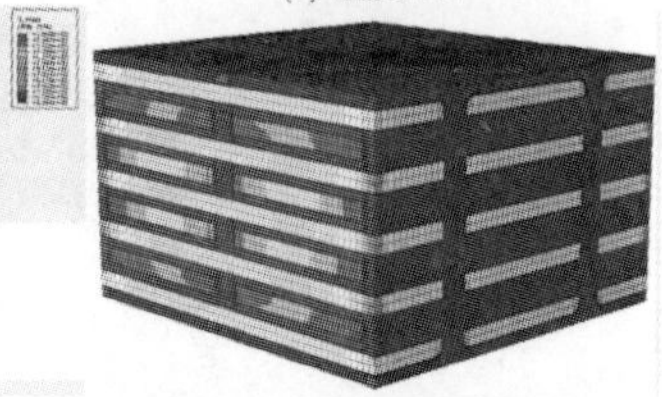　　　　　　　　　　(d) 应变4%

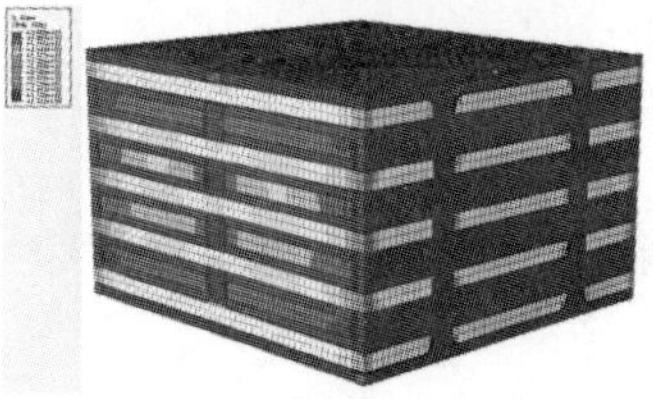

(e) 应变5% 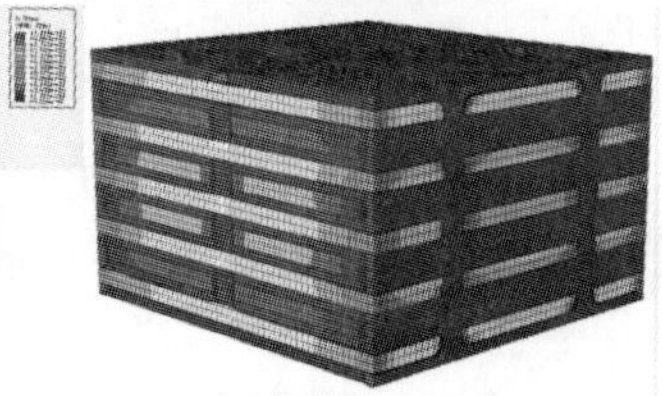　　　　　　　　　　(f) 应变6%

图 7-50　沿 90° 方向不同应变下 3DOWC 的应力分布

(a) 纱线断裂

(b) 试样失效

图 7-51　0° 方向最终损伤形态

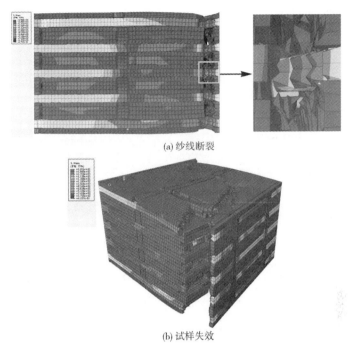

(a) 纱线断裂

(b) 试样失效

图 7-52　90° 方向最终损伤形态

损伤较小，其中 0° 拉伸方向损伤主要集中于 Z 纱附近。0° 和 90° 拉伸方向当应变分别达到 2.14% 和 2.53% 时，与拉伸方向垂直的纱线端面与树脂结合界面由于应力集中和达到破坏强度出现大量裂纹损伤，且损伤不断扩展；随着应变的不断增加，分别达到 4.52% 和 6.54% 时，基体树脂因损伤逐渐失效，与拉伸方向同向的纱线承担主要载荷；当应变分别为 4.76% 和 7.28% 时，与拉伸方向同向的纱线出现截面损伤；最终，由于纱线断裂和基体破坏，拉伸模型完全失效。

7.3.6.2　与实验值比较

　　分别沿 0° 和 90° 方向 FEA 模拟计算 3DOWC 的 RVE 拉伸测试中的力学性能变化，FEA 模拟和实验测试应力—应变曲线如图 7-53 所示。由图 7-53 可知，FEA 与试验测试应力—应变曲线总体趋势一致且对应数据点具有较高吻合度。由于在 FEA 模拟假设中，忽略了纱线间的接触，经、纬纱由于 Z 纱的捆绑作用而产生的少量屈曲，纤维与树脂间的界面参数及内部少量孔隙、杂质等因素的综合影响，FEA 获得的拉伸曲线数值模拟结果均略高于试验测试值。3DOWC 的 FEA 和实验测试力学性能对比见表 7-15。

177

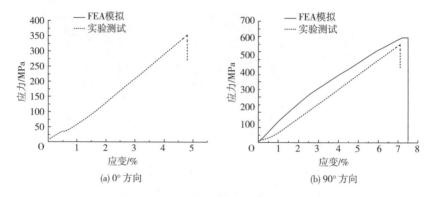

图 7-53 0° 和 90° 拉伸方向 FEA 模拟和实验测试应力—应变曲线

表 7-15 FEA 和实验测试力学性能对比

测试方向	性能	模拟计算	实验测试	误差 /%
0°	断裂强度 /MPa	358.68	347.47	3.23
	弹性模量 /GPa	25.31	24.00	5.46
90°	断裂强度 /MPa	582.89	564.80	7.94
	弹性模量 /GPa	27.97	26.74	4.60

由表 7-15 可知，由于 FEA 模拟计算过程中对 3DOWC 部分特性的简化假设，减少了部分该复合材料缺陷对整体性能的影响，导致模拟计算的断裂强度和弹性模量均略高于试验测试数据，对应数据点最大误差为 90° 方向断裂强度7.94%，整体误差相对较小，因此，构建的 FEA 模型具有较高的吻合度，能够有效模拟未改性 3DOWC 拉伸损伤过程，对其性能的预测较为准确，为进一步探究其多种准静态和动态力学性能、改性后 3DOWC 性能分析及指导风机叶片实际生产等应用领域提供必要支持。

参考文献

［1］GAO X, TAO N, YANG X, et al. Quasi-static three-point bending and fatigue behavior of 3-D orthogonal woven composites［J］. Composites Part B: Engineering, 2019, 159: 173-183.

［2］陶楠楠, 高晓平. 三维正交机织玻纤复合材料界面改性及弯曲性能研究［J］. 现代纺织技术, 2019, 27（4）: 14-21.

［3］GAO Xiaoping, YANG Xiaori, LI Danxi. Experimental and numerical simulation of the tensile behaviour of a biaxial warp-knitted composite［J］. Fibres & Textiles in Eastern Europe, 2018, 26（6）: 71-76.

［4］GAO Xiaoping, LI Danxi, WEI W. Experimental investigation of the tensile and bending behavior of multi-axial warp-knitted fabric composites［J］. Textile Research Journal, 2018, 88（3）: 333-344.

［5］JIANG X, MA Y, GAO X. Mechanical properties improvement of silane addition epoxy/3D orthogonal woven composite material［J］. The Journal of the Textile Institute, 2018, 109（10）: 1341-1347.

［6］YANG X, GAO X, MA Y. Numerical simulation of tensile behavior of 3D orthogonal woven composites［J］. Fibers and Polymers, 2018, 19（3）: 641-647.

［7］GAO Xiaoping, TAO Nannanx, CHEN Si, et al. Tensile-tensile fatigue behavior of multi-axial warp-knitted reinforced composite［J］. Fibres & Textiles in Eastern Europe, 2018, 127（1）: 73-80.

［8］杨晓日, 李哲, 高晓平. 三维正交机织和双轴向经编玻纤复合材料压缩性能研究［J］. 产业用纺织品, 2018, 36（6）: 20-24.

［9］陶楠楠, 冀鹤, 高晓平. 四轴向经编增强复合材料力学性能研究［J］. 产业用纺织品, 2018, 36（1）: 26-30.

［10］马亚运, 陈冉冉, 高晓平. 固化温度对双轴向经编增强复合材料弯曲性能的影响［J］. 上海纺织科技, 2017, 45（4）: 47.

［11］马亚运, 高晓平. 三维正交机织复合材料拉伸性能研究［J］. 上海纺织科技, 2017, 45（2）: 5-7.

［12］李丹曦, 马亚运, 高晓平. 两轴向经编复合材料风机叶片拉伸性能试验研究［J］. 上海纺织科技, 2016, 44（11）: 12-14.

［13］马亚运, 高晓平. 三维正交机织物织造及复合材料成型工艺研究［J］. 产业用纺织品, 2016, 34（8）: 26-30.

［14］马亚运, 陶楠楠, 高晓平. 双轴向经编和三维正交机织增强复合材料拉伸性能实验研究［J］. 玻璃钢/复合材料, 2016（11）: 15-19.

［15］李丹曦, 高晓平. 四轴向经编复合材料力学性能实验研究［J］. 现代纺织技术, 2016（5）: 20-24.

［16］李丹曦，马亚运，高晓平．基于树脂膜溶渗经编多轴向复合材料成型及性能分析［J］．合成纤维，2015（12）：28–32.

［17］XIAO X，ENDRUWEIT A，ZENG X，et al. Through–thickness permeability study of orthogonal and angle–interlock woven fabrics［J］. Journal of Materials Science，2015，50（3）:1257–1266.

［18］熊念，雷洁，龚小舟．三维板材状机织物的技术现状及其织造方法探析［J］．现代纺织技术，2014（3）:57–61.

［19］EL Said B，GREEN S，HALLETT s R. Kinematic modelling of 3D woven fabric deformation for structural scale features［J］. Composites Part A: Applied Science and Manufacturing，2014，57:95–107.

［20］BOGDANOVICH A E，DANNEMANN M，DÖLL J，et al. Experimental study of joining thick composites reinforced with non–crimp 3D orthogonal woven E–glass fabrics［J］. Composites Part A: Applied Science and Manufacturing，2011，42（8）:896–905.

［21］CHU T，HA–Minh C，IMAD A. Analysis of local and global localizations on the failure phenomenon of 3D interlock woven fabrics under ballistic impact［J］. Composite Structures，2017，159:267–277.

［22］TAN P，TONG L，STEVEN P，et al. Behavior of 3D orthogonal woven CFRP composites：Part Ⅰ：Experimental investigation［J］. Composites Part A: Applied Science and Manufacturing，2000，31（3）:259–271.

［23］TAN P，TONG L，STEVEN P. Behavior of 3D orthogonal woven CFRP composites：Part Ⅱ: FEA and analytical modeling approaches［J］. Composites Part A: Applied Science and Manufacturing，2000，31（3）:273–281.

［24］孙绯，陈利，孙颖，等．Z向纱对三维正交复合材料层间剪切性能影响［J］．固体火箭技术，2015（1）:111–115.

［25］CUI F，SUN B，GU B. Fiber inclination model for finite element analysis of three–dimensional angle interlock woven composite under ballistic penetration［J］. Journal of Composite Materials，2011，45（14）:1499–1509.

［26］杨格，潘忠祥．三维角联锁机织复合材料三点弯曲疲劳的细观结构效应［J］．玻璃钢/复合材料，2014（3）:13–17.

［27］戎琦，邱夷平．三维机织复合材料的弯曲疲劳性能［J］．纺织学报，2007（10）:42–44.

［28］JIN L，JIN B C，KAR N，et al. Tension–tension fatigue behavior of layer–to–layer 3D angle–interlock woven composites［J］. Materials Chemistry and Physics，2013，140（1）:183–190.

［29］JIN L，YAO Y，YU Y，et al. Structural effects of three–dimensional angle–interlock woven composite undergoing bending cyclic loading［J］. Science China Physics，Mechanics and Astronomy，2014，57（3）:501–511.

［30］沈玲燕，李永池，王志海，等．三维正交机织玻璃纤维/环氧树脂复合材料动态力学性能的实验和理论研究［J］．复合材料学报，2012（4）:157–162.

［31］BILISIK k. Multiaxis 3D woven preform and properties of multiaxis 3D woven and 3D orthogonal woven carbon/epoxy composites［J］. Journal of Reinforced Plastics & Composites，2009，29（8）:1173–1186.

［32］刘桂彬．三维机织玄武岩纤维复合材料的制备及力学性能研究［D］．大连：大连工业大学，2015．

［33］CARVELLI V，GRAMELLINI G，LOMOV S V，et al. Fatigue behavior of non-crimp 3D orthogonal weave and multi-layer plain weave E-glass reinforced composites［J］. Composites Science & Technology，2010，70（14）:2068-2076．

［34］LOMOV S V，BOGDANOVICH A E，IVANOV D S，et al. A comparative study of tensile properties of non-crimp 3D orthogonal weave and multi-layer plain weave E-glass composites : Part 1: Materials，methods and principal results［J］. Composites Part A: Applied Science and Manufacturing，2009，40（8）:1134-1143．

［35］IVANOV D S，LOMOV S V，BOGDANOVICH A E，et al. A comparative study of tensile properties of non-crimp 3D orthogonal weave and multi-layer plain weave E-glass composites : Part 2: Comprehensive experimental results［J］. Composites Part A: Applied Science and Manufacturing，2009，40（8）:1144-1157．

［36］WALTER T R，SUBHASH G，SANKAR B V，et al. Monotonic and cyclic short beam shear response of 3D woven composites［J］. Composites Science & Technology，2010，70（15）:2190-2197．

［37］YAO L，RONG Q，SHAN Z，et al. Static and bending fatigue properties of ultra-thick 3D orthogonal woven composites［J］. Journal of Composite Materials，2013，47（5）:569-577．

［38］栾坤．三维角联锁机织复合材料弹道侵彻破坏细观结构尺度研究［D］.上海：东华大学，2014．

［39］彭公秋，杨进军，曹正华，等．碳纤维增强树脂基复合材料的界面［J］.材料导报，2011（7）:1-4．

［40］刘刚，胡晓兰，张朋，等．碳纳米管膜层间改性碳纤维/环氧树脂复合材料［J］.高分子学报，2013（10）:1334-1340．

［41］MORSY M S，ALSAYED S H，AQEL M. Hybrid effect of carbon nanotube and nano-clay on physico-mechanical properties of cement mortar［J］. Construction & Building Materials，2011，25（1）:145-149．

［42］杨洪斌，王靖，吴惠敏，等．硅溶胶改性处理对碳纤维/环氧树脂复合材料拉伸性能的影响［J］.材料研究学报，2013（1）:108-112．

［43］闫军，杜仕国，汪明球，等．纳米 TiO_2/玻璃纤维复合增强体的制备及表征［J］.功能材料，2014（2）:2124-2128．

［44］水兴瑶，刘猛，朱曜峰，等．水性上浆剂对碳纤维表面及碳纤维/环氧树脂复合材料界面性能的影响［J］.复合材料学报，2016（2）:273-279．

［45］牛智林．三维正交机织复合材料三点弯曲疲劳行为实验研究与有限元计算［D］.上海：东华大学，2012．

［46］熊念，雷洁，龚小舟．三维板材状机织物的技术现状及其织造方法探析［J］.现代纺织技术，2014，22（3）:57-61．

［47］XIAO X，ENDRUWEIT A，ZENG X，et al. Through-thickness permeability study of orthogonal and angle-interlock woven fabrics［J］. Journal of Materials Science，2015，50（3）:1257-1266．

［48］汪金花，方芳，杨格，等．三维正交机织复合材料低周弯曲疲劳力学性能有限元模拟［J］.复合材料学报，2014，31（3）:797–802.

［49］荆云娟，张元，赵领航，等．三维正交机织复合材料力学性能研究进展［J］.棉纺织技术，2017，45（3）:12–15.

［50］HA–Minh C，BOUSSU F，KANIT T，et al. Analysis on failure mechanisms of an interlock woven fabric under ballistic impact［J］. Engineering Failure Analysis，2011，18（8）:2179–2187.

［51］杨格，潘忠祥．三维角联锁机织复合材料三点弯曲疲劳的细观结构效应［J］.玻璃钢／复合材料，2014，（3）:13–17.

［52］曾文敏．连续变厚度平面板状三维机织物的研制［D］.上海：东华大学，2015.

［53］李嘉禄．三维纺织复合材料增强体结构和树脂复合固化技术［J］.航天返回与遥感，2008，29（4）:55–61.

［54］CHU T，CUONG H，IMAD A. Analysis of local and global localizations on the failure phenomenon of 3D interlock woven fabrics under ballistic impact［J］. Composite Structures，2017，159:267–277.

［55］EL Said B，GREEN S，HALLETT S R. Kinematic modelling of 3D woven fabric deformation for structural scale features［J］. Composites Part A: Applied Science and Manufacturing，2014，57:95–107.

［56］HUFENBACH W，BOEHM R，THIEME M，et al. Polypropylene/glass fibre 3D–textile reinforced composites for automotive applications［J］. Materials & Design，2011，32（3）:1468–1476.

［57］曹淑伟，张大海，管艳丽，等．玻璃纤维表面处理技术研究进展［J］.宇航材料工艺，2009，39（1）:5–7.

［58］王盼．玻璃纤维膜的表面改性及油水分离研究［D］.天津：天津工业大学，2015.

［59］黄家润，陈南梁．热处理对玻璃纤维膜材基布性能的影响［J］.产业用纺织品，2012，30（4）:29–32.

［60］TOMAO V，SIOUFFI A M，DENOYEL R. Influence of time and temperature of hydrothermal treatment on glass fibers surface［J］. Journal of Chromatography A，1998，829（1–2）:367–376.

［61］谢常庆．增强树脂用玻璃纤维表面处理技术研究进展［J］.四川兵工学报，2014，35（10）:125–127，137.

［62］李志军，程光旭，韦玮．等离子体处理在玻璃纤维增强聚丙烯复合材料中的应用［J］.中国塑料，2000，（6）:47–51.

［63］程先华，薛玉君，谢超英．稀土改性玻璃纤维对 PTFE 复合材料摩擦磨损性能的影响［J］.无机材料学报，2002，17（6）:1321–1326.

［64］BARBER A H，ZHAO Q，WAGNER H D，et al. Characterization of E–glass–polypropylene interfaces using carbon nanotubes as strain sensors［J］. Composites Science and Technology，2004，64（13–14）:1915–1919.

［65］LIU M，ZHU H，SIDDIQUI N A，et al. Glass fibers with clay nanocomposite coating: Improved barrier resistance in alkaline environment［J］. Composites Part A: Applied Science and Manufacturing，2011，42（12）:2051–2059.

［66］KU–Herrera J J，AVILES F，NISTAL A，et al. Interactions between the glass fiber coating and oxidized carbon nanotubes［J］. Applied Surface Science，2015，330:383–392.

［67］TZOUNIS L，KIRSTEN M，SIMON F，et al. The interphase microstructure and electrical properties of glass fibers covalently and non–covalently bonded with multiwall carbon nanotubes［J］. Carbon，2014，73:310–324.

［68］WITHERS G J，YU Y，KHABASHESKU V N，et al. Improved mechanical properties of an epoxy glass–fiber composite reinforced with surface organomodified nanoclays［J］. Composites Part B: Engineering，2015，72:175–182.

［69］郭宏伟，莫祖学，沈一丁，等. 玻璃纤维表面纳米改性的研究进展［J］. 陶瓷学报，2015，36（6）:569–577.

［70］赵贞，张文龙，陈宇. 偶联剂的研究进展和应用［J］. 塑料助剂，2007，（3）:4–10.

［71］张志坚，花蕾，李焕兴，等. 硅烷偶联剂在玻纤增强复合材料领域中的应用［J］. 玻璃纤维，2013，（3）:11–22.

［72］LEE G W，LEE N J，JANG J，et al. Effects of surface modification on the resin–transfer moulding（RTM）of glass–fibre/unsaturated–polyester composites［J］. Composites Science and Technology，2002，62（1）:9–16.

［73］DE Oliveira R，MARQUES A T. Health monitoring of FRP using acoustic emission and artificial neural networks［J］. Computers & Structures，2008，86（3–5）:367–373.

［74］CAPRINO G，TETI R，DE Iorio I. Predicting residual strength of pre–fatigued glass fibre–reinforced plastic laminates through acoustic emission monitoring［J］. Composites Part B: Engineering，2005，36（5）:365–371.

［75］周伟，马力辉，张洪波，等. 风电叶片复合材料弯曲损伤破坏声发射监测［J］. 无损检测，2011（11）.

［76］杜文超. 基于声发射技术的大型风力机叶片材料的损伤研究［D］. 南京：南京航空航天大学，2011.

［77］周伟，张洪波，马力辉，等. 风电叶片复合材料结构缺陷无损检测研究进展［J］. 塑料科技，2010，38（12）:84–86.

［78］UNNTHORSSON R，RUNARSSON T P，JONSSON M T. Acoustic emission based fatigue failure criterion for CFRP［J］. International Journal of Fatigue，2008，30（1）:11–20.

［79］王文韬. 基于声发射技术和电子显微技术的纤维复合材料的损伤监测方法［D］. 哈尔滨：哈尔滨工业大学，2012.

［80］JOHNSON M，GUDMUNDSON P. Broad–band transient recording and characterization of acoustic emission events in composite laminates［J］. Composites Science and Technology，2000，60（15）:2803–2818.

［81］BILISIK K. MULTI axis 3D woven preform and properties of multi axis 3D woven and 3D orthogonal woven carbon/epoxy composites［J］. The Journal of the Textile Institute，2010，101（11）:967–987.

［82］JIN L，NIU Z，JIN B C，et al. Comparisons of static bending and fatigue damage between 3D angle–interlock and 3D orthogonal woven composites［J］. Journal of Reinforced Plastics and Composites，2012，31（14）:935–945.

［83］刘桂彬. 三维机织玄武岩纤维复合材料的制备及力学性能研究［D］. 大连：大连工业大学，2015.

［84］KARAHAN M，LOMOV S V，BOGDANOVICH A E，et al. Fatigue tensile behavior of carbon/epoxy composite reinforced With non-crimp 3D orthogonal woven fabric［J］. Composites Science and Technology，2011，71（16）:1961-1972.

［85］BOGDANOVICH A E，KARAHAN M，LOMOV S V，et al. Quasi-static tensile behavior and damage of carbon/epoxy composite reinforced with 3D non-crimp orthogonal Woven fabric［J］. Mechanics of Materials，2013，62:14-31.

［86］MOURITZ A P. Tensile fatigue properties of 3D composites with through-thickness reinforcement［J］. Composites Science and Technology，2008，68（12）:2503-2510.

［87］孙绯，陈利，孙颖，等. Z向纱对三维正交复合材料层间剪切性能影响［J］. 固体火箭技术，2015，（1）:111-115.

［88］SUN B，NIU Z，ZHU L，et al. Mechanical behaviors of 2D and 3D basalt fiber woven composites under various strain rates［J］. Journal of Composite Materials，2010，44（14）:1779-1795.

［89］CARVELLI V，GRAMELLINI G，LOMOV S V，et al. Fatigue behavior of non-crimp 3D orthogonal weave and multi-layer plain weave E-glass reinforced composites［J］. Composites Science and Technology，2010，70（14）:2068-2076.

［90］WALTER T R，SUBHASH G，SANKAR B V，et al. Damage modes in 3D glass fiber epoxy woven composites under high rate of impact loading［J］. Composites Part B: Engineering，2009，40（6）:584-589.

［91］JIN L，HU H，SUN B，et al. Three-point bending fatigue behavior of 3D angle-interlock woven composite［J］. Journal of Composite Materials，2011，46（8）:883-894.

［92］SUN B，NIU Z，JIN L，et al. Experimental investigation and numerical simulation of three-point bending fatigue of 3D orthogonal woven composite［J］. Journal of the Textile Institute，2012，103（12）:1312-1327.

［93］王海楼. 三维编织碳纤维/环氧树脂复合材料压缩性质的温度效应和热力耦合机制［D］. 上海：东华大学，2017.

［94］GURUNATHAN T，MOHANTY S，NAYAK S K. A review of the recent developments in biocomposites based on natural fibres and their application perspectives［J］. Composites Part A: Applied Science and Manufacturing，2015，77:1-25.

［95］MISHNAEVSKY L. Composite materials for wind energy applications: micromechanical modeling and future directions［J］. Computational Mechanics，2012，50（2）:195-207.

［96］徐进，张伟. 多轴向经编复合材料在风电叶片制造中的应用［J］. 玻璃钢/复合材料，2010（5）:78-80.

［97］MALHOTRA P，HYERS R W，MANWELL J F，et al. A review and design study of blade testing systems for utility-scale wind turbines［J］. Renewable and Sustainable Energy Reviews，2012，16（1）:284-292.

［98］刘新，武湛君，何辉永，等. 单向碳纤维复合材料的超低温力学性能［J］. 复合材料学报，2017:1-8.

［99］王海楼，曹淼，孙宝忠，等. 三维编织碳纤维/环氧树脂复合材料横向压缩性质的温度效应［J］. 复合材料学报，2017:1-11.

［100］WILKINSON M P, RUGGLES-Wrenn m B. Fatigue of a 3D orthogonal non-crimp woven polymer matrix composite at elevated temperature［J］. Applied Composite Materials, 2017, 24（6）:1405-1424.

［101］程海霞. 碳纤维 / 环氧树脂复合材料界面粘接强度的温度效应［D］. 上海：东华大学, 2016.

［102］LI D, JIANG N, JIANG L, et al. Experimental study on the bending properties and failure mechanism of 3D multi-axial warp knitted composites at room and liquid nitrogen temperatures［J］. Journal of Composite Materials, 2015, 50（4）:557-571.

［103］LI D, JIANG N, JIANG L, et al. Experimental study on the bending properties and failure mechanism of 3D MWK composites at elevated temperatures［J］. Fibers and Polymers, 2015, 16（9）:2034-2045.

［104］LI D, ZHAO C, JIANG N, et al. Effect of temperature on bending properties and failure mechanism of three-dimensional multiaxial warp-knitted carbon/epoxy composites［J］. High Performance Polymers, 2016, 28（2）:239-252.

［105］高泉喜, 郑威, 孔令美, 等. 温度和湿热对玻纤复合材料力学性能的影响［J］. 玻璃钢 / 复合材料, 2015（3）:66-69.

［106］邵晟洋, 李珅, 吴远樵, 等. 温度环境中复合材料强度准则探讨与破坏［C］. 北京：北京力学会第 19 届学术年会, 2013.

［107］WANG Y, ZHANG J, ZHANG J, et al. Compressive behavior of notched and unnotched carbon woven-ply PPS thermoplastic laminates at different temperatures［J］. Composites Part B: Engineering, 2018, 133:68-77.

［108］芦丽丽, 祁文军, 王良英, 等. 低温对玻璃钢复合材料拉伸性能影响［J］. 哈尔滨理工大学学报, 2018, 23（4）:31-36.

［109］龚雨饶, 雷明. 玻璃纤维二维平纹编织复合材料高温弯曲力学行为研究［J］. 塑料科技, 2018（12）:58-62.

［110］谢桂华, 卞玉龙, 唐永生, 等. 纤维增强复合材料疲劳性能的温度效应［J］. 玻璃钢 / 复合材料, 2017（9）:19-24.

［111］蒋欢. 三维编织复合材料冲击压缩性质的低温效应［D］. 上海：东华大学, 2015.

［112］JIA Z, LI T, CHIANG F, et al. An experimental investigation of the temperature effect on the mechanics of carbon fiber reinforced polymer composites［J］. Composites Science and Technology, 2018, 154:53-63.

［113］李丹曦. 基于多尺度的经编多轴向复合材料风机叶片力学性能研究［D］. 呼和浩特：内蒙古工业大学, 2015.

［114］王欣欣. 经编多轴向玻璃纤维增强复合材料风机叶片疲劳特性研究［D］. 呼和浩特：内蒙古工业大学, 2016.

［115］马亚运. 改性玻纤三维机织复合材料风机叶片强度研究［D］. 呼和浩特：内蒙古工业大学, 2017.

［116］陶楠楠. 三维正交机织玻纤复合材料界面改性及弯曲疲劳性能研究［D］. 呼和浩特：内蒙古工业大学, 2018.

［117］杨晓日. 多轴向玻纤复合材料力学性能的温度效应研究［D］. 呼和浩特：内蒙古工业大学, 2019.

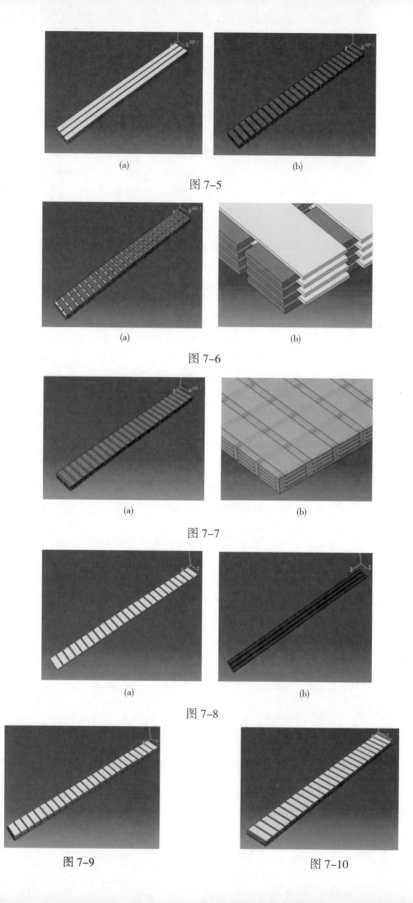

(a)   (b)

图 7-5

(a)   (b)

图 7-6

(a)   (b)

图 7-7

(a)   (b)

图 7-8

图 7-9   图 7-10

图 7-13

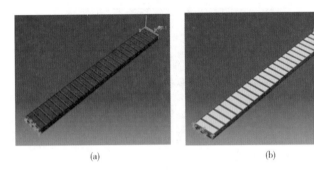

(a)　　　　　　　　　　　(b)

图 7-14

(a)　　　　　　　　　　　(b)

图 7-15

187

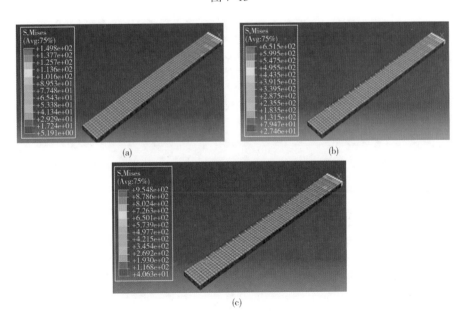

(a)　　　　　　　　　　　(b)

(c)

图 7-16

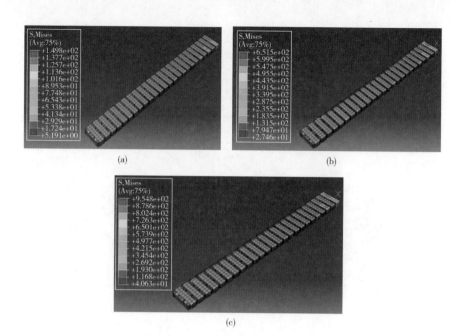

图 7-17

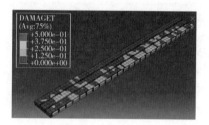

图 7-18

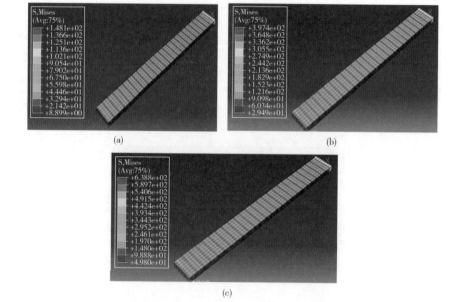

图 7-19

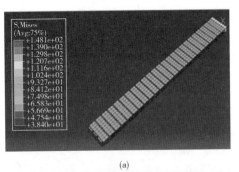

(a)

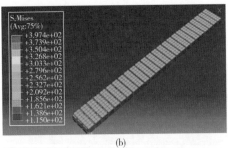

(b)

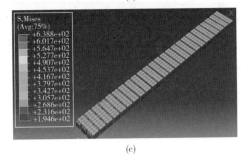

(c)

图 7-20

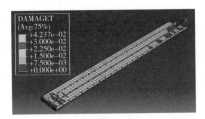

图 7-21

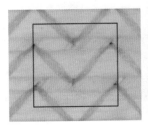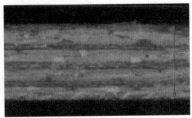

图 7-24

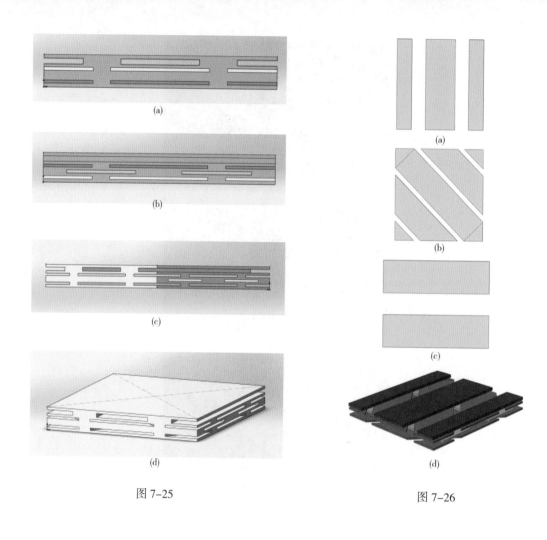

(a)

(b)

(c)

(d)

图 7-25

(a)

(b)

(c)

(d)

图 7-26

树脂
经纱
45°方向纱线
纬纱
-45°方向纱线

图 7-27

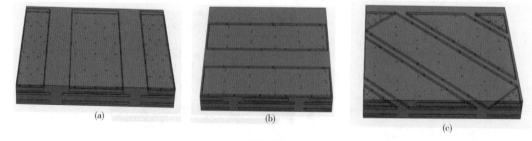

(a)

(b)

(c)

图7-28

拉伸端　　　　　　　固定端

图 7-29

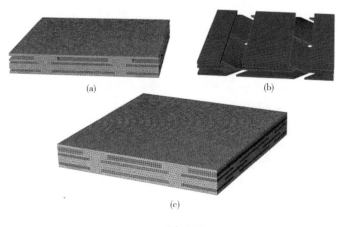

(a)　　　　　　　(b)

(c)

图 7-30

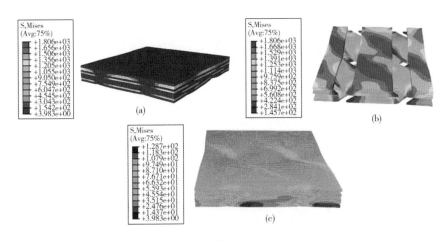

图 7-31

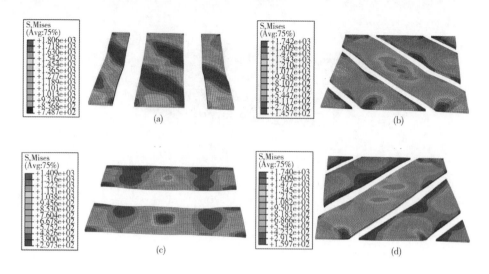

图 7-32

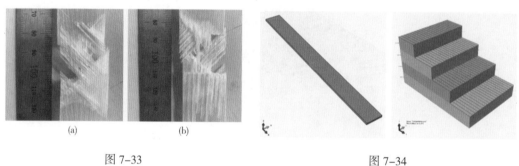

图 7-33

图 7-34

图 7-35

固定端　　　　　　　　　　　　　　　　　　拉伸端

图 7-36

图 7-37

图 7-38

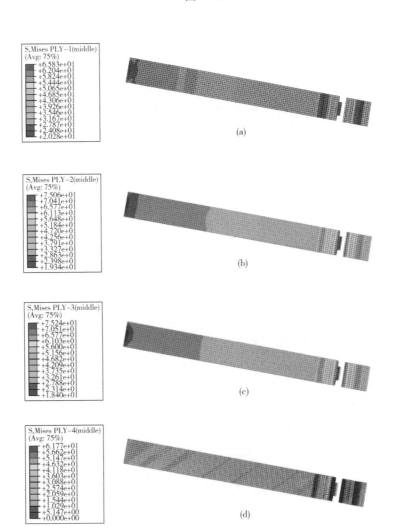

图 7-39

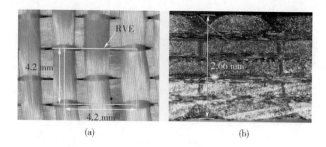

(a)   (b)

图 7-41

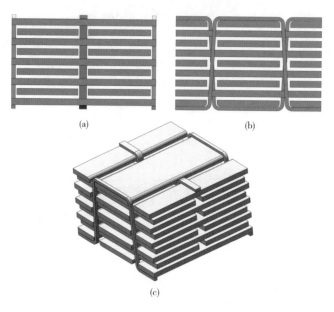

(a)   (b)

(c)

图 7-42

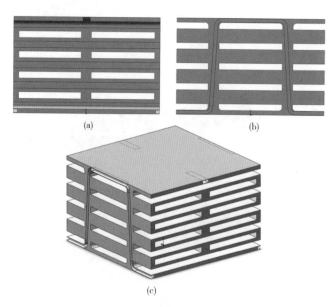

(a)   (b)

(c)

图 7-43

(a)　　　　　　　　　(b)

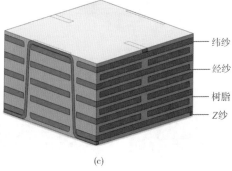

纬纱

经纱

树脂

Z纱

(c)

图 7-44

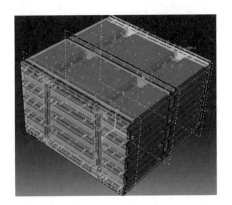

图 7-46

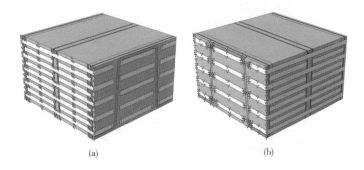

(a)　　　　　　　　　(b)

图 7-47

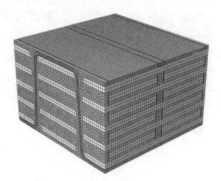

图 7-48

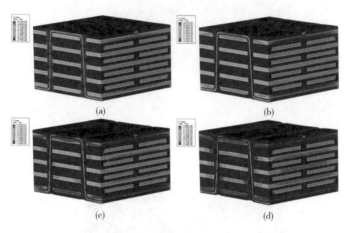

(a)   (b)

(c)   (d)

图 7-49

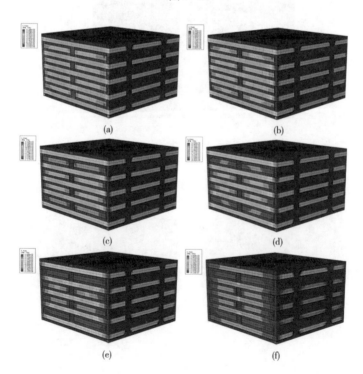

(a)   (b)

(c)   (d)

(e)   (f)

图 7-50

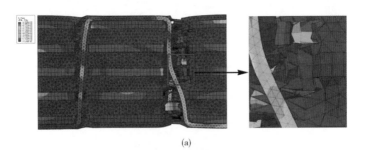

(a)

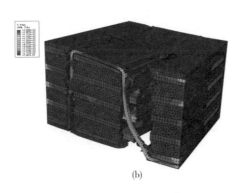

(b)

图 7-51

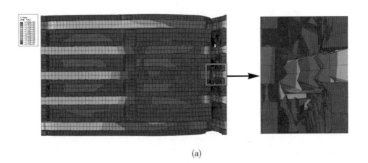

(a)

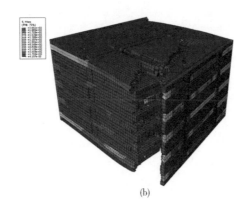

(b)

197

图 7-52